# 推动绿色发展 建设生态文明

## ——党的十九大生态文明的精神解读

汤文颖　主　编

张玉洁　副主编

中国财富出版社

**图书在版编目(CIP)数据**

推动绿色发展 建设生态文明:党的十九大生态文明的精神解读／汤文颖主编.
—北京:中国财富出版社,2019.4

ISBN 978-7-5047-6890-2

Ⅰ.①推… Ⅱ.①汤… Ⅲ.①生态环境建设—研究—中国 Ⅳ.①X321.2

中国版本图书馆 CIP 数据核字(2019)第 070403 号

| | | | | | |
|---|---|---|---|---|---|
| 策划编辑 | 李 丽 | 责任编辑 | 戴海林 栗 源 | | |
| 责任印制 | 尚立业 | 责任校对 | 孙丽丽 | 责任发行 | 杨 江 |

| | |
|---|---|
| 出版发行 | 中国财富出版社 |
| 社 址 | 北京市丰台区南四环西路 188 号 5 区 20 楼　　　邮政编码　100070 |
| 电 话 | 010-52227588 转 2048/2028（发行部）　　010-52227588 转 321（总编室） |
| | 010-52227588 转 100（读者服务部）　　010-52227588 转 305（质检部） |
| 网 址 | http://www.cfpress.com.cn |
| 经 销 | 新华书店 |
| 印 刷 | 河北育新印刷有限公司 |
| 书 号 | ISBN 978-7-5047-6890-2/X・0021 |
| 开 本 | 787mm×1092mm　1/16　　　版　次　2019 年 5 月第 1 版 |
| 印 张 | 11.5　　　　　　　　　　　印　次　2019 年 5 月第 1 次印刷 |
| 字 数 | 280 千字　　　　　　　　　定　价　37.00 元 |

# 前言 QIANYAN

　　绿色发展理念是我国生态文明建设的一次重大理论突破。在党的十八届五中全会上，以习近平同志为核心的党中央提出了创新、协调、绿色、开放、共享的五大发展理念。2019 年年初，习近平在京津冀考察调研时，多次强调绿色发展理念。同年 3 月，习近平在参加十三届全国人大二次会议内蒙古代表团审议时强调，要积极探索以生态优先、绿色发展为导向的高质量发展新路子。

　　绿色发展理念，从经济发展层面看，它萌生于中国发展方式转型升级的需要；从民生建设层面看，它萌生于人民对美好生活的需要；从全球化层面看，它萌生于构建人类命运共同体的需要。绿色发展理念为生态文明建设和推动可持续发展提供了思想指引，指明了发展方向和可行途径。因此，坚持绿色发展的新发展道路，既是新时代实现我国"人与自然和谐共生的现代化"的必由之路，也是共谋全球生态安全、构建人类命运共同体的必然要求。

　　习近平总书记曾深刻指出："绿色发展，就其要义来讲，是要解决好人与自然和谐共生问题。人类发展活动必须尊重自然、顺应自然、保护自然，否则就会遭到大自然的报复，这个规律谁也无法抗拒。"绿色发展理念既有深厚的历史文化渊源，又科学把握了时代发展的新趋势，体现了历史智慧与现代文明的交融，对建设美丽中国、实现中华民族伟大复兴中国梦，具有重大的理论意义和现实意义。

　　生态文明，是指人类遵循人、自然、社会和谐发展的客观规律取得的物质与精神成果，是人与自然、人与人、人与社会和谐共生、良性循环、全面发展、持续繁荣的文化伦理形态。生态进入人文社会，就形成了生态文明。生态文明是人类文明的一种形式，是生态哲学、生态伦理学、生态经济学、生态现代化理论等生态思想的升华与发展，是人类文明与文化发展的重要成果，是社会主义的本质属性，其核心是公正、高效、和谐和人文发展。

　　现代生态文明观以尊重和维护生态环境为主旨，以人类社会共同发展为着眼点，强调人的自觉与自律，强调人与自然环境的相互依存、相互促进、共处共融。它一方面同以往的农业文明观、工业文明观有相同点，即都主张在改造自然的过程中发展物质生产力，不断提高人的物质生活水平；另一方面与它们又明显不同，即生态文明观突出生态的重要性，强调尊重和保护环境，强调人类在改造自然的同时必须尊重和爱护自然，不能随心所欲，盲目蛮干。

建设生态经济文明，要以习近平生态文明思想为引领，在绿色发展观的指导下，大力发展以自然资源的合理利用和再利用为特点的循环经济发展模式。人类要更好地生存与发展，必须善待自然，由发展线性经济转向发展循环经济，将经济系统纳入生态系统，实现物质循环、能量转换、信息传递和价值增值。这种经济形态，能使人类经济发展和自然生态系统相互适应、相互促进，从而达到生态与经济两个系统的良性循环，以及经济、生态、社会三大效益的高度统一。生态文明建设是关系中华民族永续发展的根本大计。我们党一贯重视生态文明建设。20世纪80年代，我们党就把保护环境作为基本国策。党的十八大以来，生态文明理念更是日益深入人心。党的十八大报告指出，建设中国特色社会主义，总布局是经济建设、政治建设、文化建设、社会建设、生态文明建设五位一体。党的十九大报告，不仅对生态文明建设提出了一系列新思想、新目标、新要求和新部署，为建设美丽中国提供了根本遵循和行动指南，而且首次把美丽中国作为建设社会主义现代化强国的重要目标。

《推动绿色发展　建设生态文明》是在这一大背景下，专门为专业技术人员编撰的培训教材。本书以习近平生态文明思想为指导，按照中央关于推动绿色发展、建设生态文明的指示精神，从新时代推动绿色发展、建设生态文明的主旨内涵着手，围绕推动绿色发展、建设生态文明的重点工作，明确讲解了推动绿色发展、建设生态文明的产生背景、理论基础、政策体系、工作方法、策略途径、能力建设等内容。全书约28万字，共10章，包括新时代绿色发展和生态文明建设、习近平生态文明思想的时代价值、新时代生态文明建设的基本任务、生态农业绿色发展、生态工业绿色发展、生态服务业绿色发展、生态环境绿色发展、生态人居绿色发展、生态科技绿色发展、生态法制绿色发展，理论联系实际，经验案例丰富，实用性强，有很好的教育培训指导作用和实践借鉴价值。每章后均附有"知识链接"和"思考题"，以利于拓展读者的阅读视野，帮助读者提高学习效果。

本书的编写分工：汤文颖老师执笔前五章并统稿，张玉洁老师执笔后五章。在编写过程中笔者广泛借鉴了国内外有关专家学者的一些著作、文章和资料，限于篇幅不能一一列举，谨在此致以诚挚的谢意！由于编者水平所限，书中疏漏与不足之处在所难免，敬请读者批评指正。

编　者<br>2019年3月

# 目 录 MULU

# 第一章　新时代绿色发展和生态文明建设

## 第一节　绿色发展理念的要义

### 一　绿色发展理念的提出

绿色发展理念是我国生态文明建设的一次重大理论突破。在党的十八届五中全会上，以习近平同志为核心的党中央提出了创新、协调、绿色、开放、共享的五大发展理念。2019 年年初，习近平在京津冀考察调研时多次强调绿色发展理念。同年 3 月，习近平在参加十三届全国人大二次会议内蒙古代表团审议时强调，要积极探索以生态优先、绿色发展为导向的高质量发展新路子。

绿色发展理念，从经济发展层面看，它萌生于中国发展方式转型升级的需要；从民生建设层面看，它萌生于人民对美好生活的需要；从全球化层面看，它萌生于构建人类命运共同体的需要。绿色发展理念为生态文明建设和推动可持续发展提供了思想指引，指明了发展方向和可行途径。因此，坚持绿色发展的新发展道路，既是新时代实现我国"人与自然和谐共生的现代化"的必由之路，也是共谋全球生态安全、构建人类命运共同体的必然要求。

### 二　准确把握绿色发展理念的要义

习近平总书记曾深刻指出："绿色发展，就其要义来讲，是要解决好人与自然和谐共生问题。人类发展活动必须尊重自然、顺应自然、保护自然，否则就会遭到大自然的报复，这个规律谁也无法抗拒。"绿色发展理念既有深厚的历史文化渊源，又科学把握了时代发展的新趋势，体现了历史智慧与现代文明的交融，对建设美丽中国、实现中华民族伟大复兴中国梦，具有重大的理论意义和现实意义。

#### （一）绿色发展理念是中国传统生态观的创新性发展

中华民族有着深厚的生态文化传统。在绵延几千年的中华文化中，有"天人合一"理念指导下的生态文明观。中国传统的生态思想，将天地万物视作一个统一整体，而人是天地万物的一部分。万物生存发展有其本质规律，天地自然是人类赖以生存的条件。《庄子》说，"天地者，万物之父母也"。《管子》说，"地者，万物之本原，诸生之根菀也"。这些质朴睿智的自然观，至今仍给人们以深刻警示和启迪。习近平强调的绿色发展，是要解决好人与自然和谐共生问题，体现了对中国传统生态文明理念的继承和发展。

中华文明积淀了丰富的生态智慧，先人们早就认识到了生态环境的重要性，认识到了生态资源管理是国家与社会运行的重要保障。《吕氏春秋》说，"竭泽而渔，岂不获得，而明年无鱼。焚薮而田，岂不获得，而明年无兽"。《论语》说，"子钓而不纲，弋不射宿"。这些生态思想告诫人们要正确处理人与自然的关系，对自然要取之以时、取之有度。党中央提出绿色发展理念，坚持节约资源和保护环境的基本国策，形成人与自然和谐发展的现代化建设新格局，是对中国传统生态思想的创造性转化和创新性发展。

### （二）绿色发展理念是马克思主义中国化的新境界

绿色发展理念，要求经济社会与资源环境协调发展，它是中国特色社会主义生态文明的必然选择，开辟了马克思主义中国化的新境界。马克思主义认为，人是自然界的一部分，自然界是我们人类赖以生长的基础。在马克思的分析中，经济循环是与物质变换紧密联系在一起的，而物质变换又与人类和自然之间的"新陈代谢"作用相互联系。因此，如果人类盲目而不加节制地对待自然，这种"新陈代谢"关系就会断裂。马克思主义的生态文明观明确回答了人与自然之间如何协调发展的问题。党中央提出的绿色发展理念，是马克思主义中国化的新境界，是对马克思主义生态文明观的进一步拓展：第一，绿色发展理念发展了马克思主义的生产力观点。习近平指出，"纵观世界发展史，保护生态环境就是保护生产力，改善生态环境就是发展生产力"。他还强调，"要正确处理好经济发展同生态环境保护的关系，牢固树立保护生态环境就是保护生产力、改善生态环境就是发展生产力的理念"。这些光辉论断丰富和发展了马克思主义的生产力理论。第二，绿色发展理念明确了绿色发展与经济发展的关系。正确处理好生态环境保护和经济发展的关系，是实现可持续发展的内在要求。一段时间以来，以增加生产要素和扩大生产规模来拉动经济发展的粗放式经济发展模式，导致环境污染、生态破坏、资源枯竭等问题日益严重，成为制约经济发展的瓶颈。传统的粗放型经济发展方式难以为继。习近平强调，要更加自觉地推动绿色发展、循环发展、低碳发展，决不以牺牲环境为代价去换取一时的经济增长。要像保护眼睛一样保护生态环境，像对待生命一样对待生态环境，推动形成绿色发展方式和生活方式。既要"金山银山"，也要"绿水青山"，这是绿色发展的内在要求。要让"绿水青山"充分发挥经济社会效益。党中央提出绿色发展理念，旨在转变我国传统的粗放式经济发展模式，推动低碳循环发展，走可持续发展之路。绿色发展理念丰富和发展了马克思主义的发展观。

### （三）绿色发展理念是以人民为中心的深厚情怀

人民群众是历史的创造者。人的自由与全面发展是马克思主义的重要命题，良好的自然生态环境和自然资源是其实现的条件和基础。合理利用自然资源，使人们生活富足，是我国悠久的政治文化传统。当前，大气、水、土壤等生态环境污染严重，这是人民群众反映强烈的问题，已成为全面建成小康社会的突出短板。扭转环境恶化，提高环境质量，是广大人民群众的热切期盼。习近平指出，"良好生态环境是最公平的公共产品，是最普惠的民生福祉""建设生态文明，关系人民福祉，关乎民族未来"。习近平强调，要坚定推进绿色发展，推动自然资本大量增值，让良好生态环境成为人民生活的增长点，成为展现我国良好形象的发力点，让老百姓呼吸上新鲜的空气，喝上干净的水，吃上放心的食物，生活在宜居的环境中，切实感受到经济发展带来的实实在在的环境效益。这些论断都是以人民为中心的深厚情怀，强调了生态环境是民生的重要内容，体现了建设生态文明与增进民生福祉的关系，回应了人民对良好生态环境的渴望和诉求。

### （四）绿色发展理念是全球生态安全的责任担当

建设生态文明关乎人类未来。自 20 世纪 90 年代以来，绿色低碳发展成为国际大趋势。2008 年，联合国环境署发起"绿色倡议"，绿色发展成为当今世界发展的时代潮流。2015 年，国家主席习近平在纽约联合国总部出席第七十届联合国大会一般性辩论，并发表了题为《携手构建合作共赢新伙伴　同心打造人类命运共同体》的重要讲话，倡议"国际社会应该携手同行，共谋全球生态文明建设之路，牢固树立尊重自然、顺应自然、保护自然的意识，坚持走绿色、低碳、循环、可持续发展之路"。习近平指出，"人类历史就是一幅不同文明相互交流、互鉴、融合的宏伟画卷"。人类文明是由世界各民族共同创造的，而中国的发展对世界有着举足轻重的作用，绿色发展理念彰显了中国对全球生态安全的责任和担当。2015 年，习近平在党的十八届五中全会上提出"推进美丽中国建设"的同时，还提到要"为全球生态安全作出新贡献"。2019 年，习近平在参加十三届全国人大二次会议内蒙古代表团审议时，深入阐述了绿色发展责任担当的思想内涵，他指出，"要探索以生态优先、绿色发展为导向的高质量发展新路子"，这些重要论述是中国积极响应国际社会绿色发展潮流的郑重承诺，表明中国将与世界各国一起携手推进全球的绿色、可持续发展，自觉对全球生态文明建设负起应有的责任。

## 三　以绿色发展理念引领生态文明建设

中国特色社会主义进入新时代，我国社会主要矛盾已经转化为人民日益增长的美好生活需要和不平衡不充分的发展之间的矛盾。人们对物质文化的需求达到了更高的层次，对环境保护、生态安全等方面的要求也日益提升。近年来，我国生态环境质量持续好转，出现了稳中向好趋势，但生态文明建设任务依然艰巨。当前我国生态文明建设正处于压力叠加、负重前行的关键期，已进入提供更多优质生态产品以满足人民日益增长的优美生态环境需要的攻坚期，也到了有条件有能力解决生态环境突出问题的窗口期。2018 年，习近平总书记在全国生态环境保护大会上发表重要讲话，强调生态环境是关系党的使命宗旨的重大政治问题，是关系民生的重大社会问题，我们要积极回应人民群众的所想、所盼、所急，大力推进生态文明建设，解决生态环境问题，提供更多优质生态产品，不断满足人民群众日益增长的优美环境需要。

绿色发展理念是对当今全球状况和我国现实国情的深刻把握，是经济社会可持续发展的理论基础，符合现实需要。绿色发展理念是人类社会进步的重大成果，是历史教训不断累积之后提炼出来的思想飞跃，是引领新时代生态文明建设的根本纲领。一方面，绿色发展理念既强调生态与经济在时间轴上的纵向协调，要为子孙后代留下天蓝、地绿、水清的家园，也强调同一时间点上各方面的横向协调，要把绿色发展理念融入经济社会发展各个方面。绿色发展理念不仅明确了可持续发展的方向，还指明了可持续发展的途径，即必须同时实现纵向和横向的经济与生态协调。践行绿色发展理念，就能在方向和途径的有机统一中实现经济社会的可持续发展。另一方面，绿色发展理念将遵循经济规律、社会规律与遵循自然规律有机结合起来，要求经济社会发展同时符合经济规律、社会规律、自然规律，把生态文明建设融入经济建设、政治建设、文化建设、社会建设各方面和全过程，从而真正解决经济与生态之间的矛盾。

# 第二节　生态文明建设的含义与特征

## 一、生态文明的内涵

### （一）生态的概念

生态，指生物之间以及生物与环境之间的相互关系与存在状态，亦即自然生态。"生态"的产生，最早是从研究生物个体开始的，随着社会发展，"生态"一词涉及的范畴越来越广。人们常用"生态"定义许多美好的事物，如健康的、美好的、和谐的事物等。

### （二）文明的概念

当人类社会把自然生态纳入人类可以改造的范围之内时，就形成了文明。研究表明，4.4万年前人类现代文明就已出现。汉语中的"文明"一词，最早见于《易经》，"见龙在田，天下文明"。在现代汉语中，"文明"指一种社会进步状态，与"野蛮"一词相对立。

文明，是指人类所创造的财富总和，特指精神财富，如文学、艺术、教育、科学等，也指社会发展到较高阶段所表现出的状态。它是人类在认识世界和改造世界的过程中，逐步形成的思想观念以及不断进化的人类本性的具体体现，是人类审美观念和文化现象的传承、发展、糅合和分化过程中所产生的生活方式、思维方式的总称，是人类开始群居并出现社会分工专业化、人类社会雏形基本形成后开始出现的一种现象，是较为丰富的物质基础产物，同时也是人类社会的一种基本属性。

文明，一般分为物质文明和精神文明，两者相辅相成。物质文明是人类改造自然的物质成果，表现为人们物质生产的进步和物质生活的改善，是精神文明的物质基础，对精神文明特别是其中的文化建设起决定性作用。物质文明的性质由生产方式决定。精神文明是人类在改造客观世界和主观世界过程中所取得的精神成果，是人类智慧、道德的进步状态。精神文明表现在两个方面：一是科学文化方面，包括社会的文化、知识、智慧的状况，教育、科学、文化、艺术、卫生、体育等各项事业的发展规模和发展水平；二是思想道德方面，包括社会的政治思想、道德面貌、社会风尚和人们的世界观、理想、情操、觉悟、信念以及组织性、纪律性的状况。精神文明的作用是为物质文明的发展提供思想保证、精神动力、政治保障、法律保障和智力支持。

## （三）生态文明的含义

生态文明，是指人类遵循人、自然、社会和谐发展的客观规律，取得的物质与精神成果，是人与自然、人与人、人与社会和谐共生、良性循环、全面发展、持续繁荣的文化伦理形态。生态进入人文社会，就形成了生态文明。生态文明是人类文明的一种形式，是生态哲学、生态伦理学、生态经济学、生态现代化理论等生态思想的升华与发展，是人类文明与文化发展的重要成果，是社会主义的本质属性。其核心是公正、高效、和谐和人文发展。

现代生态文明观，以尊重和维护生态环境为主旨，以人类社会发展为着眼点，强调人的自觉与自律，人与自然环境的相互依存、相互促进、共处共融。它既同以往的农业文明观、工业文明观有相同点，即都主张在改造自然的过程中发展物质生产力，不断提高人的物质生活水平，又与它们有明显不同，即生态文明观突出生态的重要性，强调尊重和保护环境，强调人类在改造自然的同时必须尊重和爱护自然，不能随心所欲，盲目蛮干。

## （四）生态文明主要内容

生态文明内容丰富。它不仅指自然生态，而且包括了人类的理念、行为、经济、政治、文化等多种要素。人类的思想和行为、生产和生活等内容，成为影响自然生态的重要力量，与自然生态相互影响、相互作用，共同构成了生态文明的主要内容。

**1. 生态理念文明**

生态理念，是人们正确对待生态问题的一种进步观念形态，包括进步的生态意识、生态心理、生态道德，以及体现人与自然平等、和谐的价值取向，环境保护和生态平衡的思想观念和精神追求等。倡导生态文明，意味着确立一个新的价值尺度或价值核心。建设生态文明，首要任务是在全社会树立生态文明理念。在全社会牢固树立生态文明的价值观，大力弘扬人与自然和谐相处的核心价值观，使生态文明理念深入人心，生态保护成为公众的价值取向，生态建设成为公众的自觉行动。同时，要将生态文明理念扩展到社会管理的各个方面，渗透到社会生活的各个领域、各个环节，成为广泛的社会共识，逐步形成尊重自然、认知自然价值，建立人类自身全面发展的文化与氛围。

**2. 生态伦理文明**

生态文明的核心是协调人与自然的关系。生态文明建设，需要转变人们的生态伦理价值观，形成生态伦理文明。传统哲学认为，只有人是主体，生命和自然界是人的对象。因而，只有人有价值，其他生命和自然界没有价值。因此，只能对人讲道德，无须对其他生命和自然界讲道德。这是工业文明中人统治自然的基础。生态伦理文明认为，人与其他生命共享一个地球，自然是人与人交往的中介，人与自然的关系归根结底是人与人之间的关系。一些人对生态环境的破坏，直接或间接地损害了其他一些人的利益。人与自然存在伦理关系，人对自然负有道德义务。人类应把道德义务扩展到整个自然界之中，站在自然的立场上，在更大的范围内，考虑人类在自然生态系统中的行为方式，重新定位人类在自然界中的位置，认识到人类是自然界的一部分，是不能脱离自然界而独立存在的。只有尊重自然、爱护生态环境，遵循自然发展规律，才能实现人类与自然界的协调发展。

在人与自然之间建立和谐生态，一要承认人的价值，人是价值主体，同时承认自然的价值，其他生命形式也是价值主体。二要尊重生命、敬畏自然。人类和地球上的其他生物种类一样，都是组成自然生态系统的要素，或是自然生物链中的环节，它们相互影响、相互依存。整个自然界是深奥复杂的动态系统，人类对自然的认识永远是不完备的，更无法一次完成。三要尊重生命，承认自然的权利，对生命和自然界给予道德关注。自然界的其他物种和人类一样，有权按照生态规律持续生存，人类要尊重它们的生命和权利。

### 3. 生态经济文明

生态经济文明，是指经济活动要符合人与自然和谐的要求，包括第一产业、第二产业、第三产业经济活动"绿色化"、无害化和生态环境保护产业化。生态经济文明要求社会经济与自然生态平衡发展与可持续发展。在生态文明理念指导下，经济发展应致力于消除经济活动对大自然自身稳定与和谐构成的威胁，逐步形成与生态相协调的生产生活与消费方式。目前，我国已把保护自然环境、维护生态安全、实现可持续发展的要求视为发展的基本要素，提出了通过发展实现人与自然的和谐以及社会环境与生态环境平衡的目标。

资源是有限的。要满足人类可持续发展的需要，就必须在全社会倡导节约资源的理念，努力形成有利于节约资源、减少污染的生产模式、产业结构和消费方式，大力开发和推广节约、替代、循环利用资源和治理污染的先进适用技术，发展清洁能源和再生能源，建设科学合理的能源资源利用体系，提高能源资源利用效率。生态经济文明是在传统工业文明的经济增长方式受到挑战的时代背景下应运而生的，这就决定了生态经济文明的关键环节一是转变经济发展方式，走低消耗、低污染、高效率、集约型的新型发展道路，把着力点放到推动发展方式转变上，即从重增长轻保护、重开发轻治理转变为在保护中实现加快发展、在发展中实行科学保护，努力做到以最少的资源消耗实现最大的产出、以最小的环境代价换取最优的生产要素集聚，真正为经济发展开拓新的空间和领域、注入新的生机与活力。二是把着力点放在大力推进消费模式的转变上。工业社会下的消费模式，是以能源和资源的大量消耗为支撑的，缺乏可持续性。目前，人们已经逐渐认识到这种消费模式的局限性和不可持续性，开始以不同的方式改变消费模式、优化消费结构，鼓励消费能源资源节约型产品，减少消费环节的废弃物排放，增加对绿色消费品的喜好，引导消费品生产企业在生产环节实现资源节约和环境友好，逐步形成绿色消费模式。

建设生态经济文明，以绿色发展观为指导，大力发展以自然资源的合理利用和再利用为特点的循环经济发展模式。人类要更好地生存与发展，必须善待自然，由发展线性经济转向发展循环经济，将经济系统纳入生态系统，实现物质循环、能量转换、信息传递和价值增值。这种经济形态，能使人类经济发展和自然生态系统相互适应、相互促进，从而达到生态与经济两个系统的良性循环，实现经济、生态、社会三大效益的高度统一。

### 4. 生态政治文明

生态政治文明的理念产生于20世纪70年代。它的主要内容有以下三点：一是要求政府的政策、法令、规章制度、教育方式等，必须以人与自然的协调关系为制定依据，实现生态环境的协调发展；二是生态化的政治发展必将促进公民的政治参与，而生态问题的最终解决，不仅是人与自然关系的协调，更重要的是人与人之间关系的和谐；三是倡导政治形态多样化。参与生态环境建设与保护，促进全球生态系统健康、持续发展，是每个公民的权利和义务。生态政治文明要求党和国家重视生态问题，把解决生态问题、建设生态文明作为贯彻落实科学发展观、构建和谐社会的重要内容。生态政治文明的功能，主要是通过制度建构和国家公共权力的运行维系社会秩序，通过公平分配社会资源保障公民权益，保障生态文明建设来实现的。生态政治文明建设中，要求尊重利益和需求多元化，注重平衡各种关系，限制损害生态环境行为的发生，避免由于资源分配不公、人或人群斗争以及权力滥用而造成对生态的破坏，维护公民的生命健康安全。

**5. 生态科技文明**

生态科技文明是科技生态化的转化，是对近现代科学技术反思之后的产物。科学技术是协调人与自然和谐发展的直接手段和重要工具，它作为人类实践于客观世界的物质性活动，最基本的要求就是要服从自然本身的属性，遵循自然规律，接受科学所认识的自然发展必然性的限制。科学技术是一把"双刃剑"。一方面，20世纪以来传统工业化对自然资源高强度、掠夺性的开发使用所造成的生态破坏和环境污染，与现代科学技术的推动有关；另一方面，科学技术在节约资源、保护生态、改善环境等方面也不断发挥着越来越显著的作用。因此，生态科技文明，以协调人与自然之间的关系为最高准则，以不断解决人类发展与自然界和谐演化之间的矛盾为宗旨，以生态保护和生态建设为目标，致力于实现人与自然、人与社会的协同发展。生态科技文明建设，使科学研究和技术应用能够促使整个生态系统保持良性循环，从而为优化生态系统提供智力支撑和技术保障。

**6. 生态制度文明**

生态制度文明，是人们正确对待生态问题的进步的制度形态，包括生态制度、法律和规范。其中，特别强调健全和完善与生态文明建设标准相关的法制体系，重点突出强制性生态技术法制的地位和作用。例如，社会生态公平反映了社会多数群体的意愿，而维护这种意愿需要公正的制度架构、程序设计。唯有通过制度化建设，建立体现社会公正的法律和制度，才能确立消除社会生态不公的制度规范，有利于在既有体制和政治结构中推进改革，也有利于弱化利益冲突和社会对立，避免利益过度分化带来的激烈冲突，从深层结构方面提高文明水平，维护社会公正。人类自身作为建设生态文明的主体，应该将生态文明的内容与要求体现在法律制度中，使之成为衡量人类文明程度的标尺。

**7. 生态行为文明**

生态行为文明，是指人们在生态文明观指导下，在生产生活实践中推动生态文明进步发展的活动，包括循环经济、环保产业、绿化建设、清洁生产以及所有具有生态文明意义的参与和管理行为。生态问题的根源在于人本身，在于人的行为。解决生态问题，归根结底要检查人类自己的行为方式，节制人类自身的发展，既要节制人口的发展，也要节制生活便利的发展。倡导尊重自然、善待自然的态度；倡导以自然为师、循自然之道的生活；倡导保护自然、拯救自然的实践，使生态行为文明成为人类社会的价值取向和生活时尚，成为公众的自觉行动。

**8. 生态环境文明**

生态环境是人类赖以生存发展的基础。没有良好的生态环境，人类就不能有高度的物质享受、政治享受和精神享受；没有安全的生态环境，人类就不能享受幸福、和谐的生活。随着社会进步、经济发展、人口增长和生活水平的不断提高，一方面，人类改造生态环境的能力和范围不断扩大，但同时生态环境不断恶化，环境污染加重，生态危机加剧；另一方面，人们保护环境、生态文明的意识在增强，力度在加大，人与自然的和谐程度不断提高。建设生态环境文明，一是要树立生态环境文明观念，让建设生态环境文明成为全社会的共识；二是要走新型工业化道路，大力发展循环经济，协调社会经济与资源环境的关系；三是要健全环保规则，使其成为既定的制度和法律，建立防污治污综合性约束机制，提高人民群众的生活质量和健康水平。

# 二 生态文明建设的地位

生态文明建设是关系到中华民族永续发展的根本大计。我们党一贯重视生态文明建设。20世纪80年代，我们党就把保护环境作为基本国策。党的十八大以来，生态文明理念更是日益深入人心。党的十八大报告指出，建设中国特色社会主义，总布局是经济建设、政治建设、文化建设、社会建设、生态文明建设五位一体。党的十九大报告不仅对生态文明建设提出了一系列新思想、新目标、新要求和新部署，为建设美丽中国提供了根本遵循和行动指南，而且首次把"美丽中国"作为建设社会主义现代化强国的重要目标。2019年全国两会期间，习近平总书记在参加内蒙古代表团审议时强调，要保持加强生态文明建设的战略定力。由此可见，生态文明建设的地位集中体现在生态文明与经济建设、政治建设、文化建设、社会建设的关系上。

## （一）生态文明建设与经济建设的关系

生态文明建设与经济建设，是环境保护与经济发展之间的对立统一关系。一方面，环境保护和经济发展存在着对立关系。人类的生存、发展会带来环境污染和生态破坏，累积到一定程度就会爆发环境问题和生态危机。而要保护环境，在一定时空范围内就会或多或少地制约经济发展。另一方面，环境保护和经济发展又是统一的。环境保护的根本目的还是促进经济社会更好地发展，给人类自身提供良好的赖以生存的自然环境。

## （二）生态文明建设与政治建设的关系

生态文明建设与政治建设既是因果关系又是包容关系。政治建设是实现生态文明建设的保障。人类目前所面临的生态环境危机是由人类在特定的制度框架下进行社会活动引起的。有什么样的制度框架，就有什么样的物质生产和人口生产，也就有什么样的环境影响。因此，政治建设直接影响到生态文明建设的水平。政治建设着力于处理人与人之间的关系，生态文明建设则着力于处理当代人与当代人、当代人与后代人、人类与自然之间的错综复杂的关系。

### （三）生态文明建设与文化建设的关系

生态文明建设与文化建设，既存在交叉关系又存在重叠关系。生态文明建设与文化建设都需要处理与解决当代人与当代人、当代人与后代人、人类社会与自然界之间的错综复杂的关系。生态文明观念下的文化建设有一个突出的薄弱环节，是人们的生态文化观念不够稳固。因此，要增强人们的生态危机意识，让人们充分认识到"我们只有一个地球"；要尊重自然生态环境，实现人类与自然的和谐相处；要增强生态资源观念，优化生态环境资源配置；要转变经济发展方式，使经济发展不以破坏生态环境为代价；要转变消费行为模式，崇尚科学合理的消费方式。

### （四）生态文明建设与社会建设的关系

生态文明建设与社会建设是相互支撑的关系。社会建设的核心问题是保障民生，而生态环境质量是保障人民生命质量和生活质量的最基本的民生。生态文明建设水平高，作为基本民生需求的环境权益就维护得好；公众参与包括生态建设与环境保护事务在内的社会管理的程度高，生态文明建设的水平就高。

## 第三节　新时代推动绿色发展和生态文明建设的意义

### 一、推动绿色发展与生态文明建设是党对自然规律及人与自然关系再认识的重要成果

我们党一直高度重视资源节约和生态环境保护工作。推进绿色发展与生态文明建设与我党一贯倡导和追求的理念一脉相承，是我党关于资源和生态环境问题的新概括、再升华，是我们党对自然规律及人与自然关系再认识的重要成果。20世纪80年代初，党和国家就把环境保护作为基本国策；"十五"计划首次提出减少主要污染物排放总量的目标；党的十六届三中全会提出树立全面、协调、可持续的发展观以及统筹人与自然和谐发展的思想；党的十六届五中全会提出把节约资源作为基本国策；"十一五"规划首次将能源消耗强度和主要污染物排放总量作为约束性指标，提出要推进形成主体功能区；党的十七大提出建设生态文明；牢固树立生态文明的观念；党的十八大以来，以习近平同志为核心的党中央立足坚持和发展中国特色社会主义、实现中华民族永续发展的战略高度，把生态文明建设作为"五位一体"总体布局的重要内容，开展了一系列富有根本性、长远性、开创性的生态文明建设重大实践，形成了科学、系统的习近平生态文明思想，为破解发展过程中资源和环境的瓶颈制约提供了有力武器，为世界可持续发展提供了中国理念、中国方案和中国贡献。

党的十九大报告把绿色发展与生态文明建设摆在治国理政的重要高度来论述，彰显出中华民族对子孙、对世界负责的精神，是我们党对自然规律及人与自然关系再认识的重要成果。绿色发展与生态文明是人类在处理与自然关系时所达到的文明程度的体现，它是相

对于经济建设、政治建设、文化建设、社会建设应该如何发展而言的。绿色发展与生态文明建设的目的，就是要使人口环境与社会生产力发展相适应，使经济建设与资源、环境相协调，实现良性循环，走生产发展、生活富裕、生态良好的文明发展道路，保证人类一代接一代永续发展。大量事实表明，人与自然的关系不和谐，就会影响人与人的关系、人与社会的关系。绿色发展与生态文明建设，功在当代，利在千秋，是关系到人类繁衍生息的根本问题，是和谐社会与文明建设的支撑点，同和谐社会和社会主义物质文明、政治文明、精神文明一起，关系到人民群众的根本利益，关系到巩固党执政的社会基础和实现党执政的历史任务，关系到全面建设小康社会的全局，关系到党的事业的兴旺发达和国家的长治久安。推动绿色发展与生态文明建设，是人类永续发展的保障。

## 二　推动绿色发展与生态文明建设是我们对人类文明历史发展中正反两方面经验教训的反思与升华

生态文明是人类社会文明的高级形态。人类社会文明先后经历了原始文明、农业文明和工业文明。从人与自然关系来看，原始文明是人类完全被动接受自然的阶段，历经百万年，没有对自然造成伤害；农业文明是人类开始对自然进行探索与开发的阶段，历经几千年，对自然造成的伤害程度较小，多数情况下自然可自行修复；工业文明是人类对自然进行征服与改造的阶段，历经几百年，对自然造成程度较大的伤害、损害、破坏，多数情况下自然难以自行修复。生态文明是工业文明发展到一定阶段的产物，是超越工业文明的新型文明境界，是在对工业文明带来的严重生态安全问题进行深刻反思基础上，逐步形成和正在积极推动的一种文明形态，是人与自然相和谐的社会形态。推动绿色发展与生态文明建设，是我们对人类文明历史发展中正反两方面经验教训的反思和升华。一方面，追求"天地人"统一并将自然生态置于人类文明发展的基础性地位，努力做到"取之有时，用之有度"，是中华民族悠久的历史传统；另一方面，包括古代中国在内的文明古国也确实在经济开发过程中对一些地区的生态环境造成了严重破坏，并进而导致其经济衰落甚或文明式微。因而，生态兴则文明兴，生态衰则文明衰，这是人类文明史所揭示的朴素真理，新时代社会主义现代化建设理应将尊重自然、热爱自然的优秀生态文化传统发扬光大。

建设生态文明，不是不要发展，不搞工业文明，放弃对物质生活的追求，回到原生态的生产生活方式，而是要在吸收、借鉴人类一切文明成果尤其是工业文明成果的基础上，以解决工业文明固有的环境与发展矛盾为根本目的，在更高层次上实现人与自然、环境与经济、人与社会和谐发展的新型文明建设，实现绿色发展。绿色发展与生态文明建设为统筹解决经济社会发展与资源环境问题提供了全新的指导思想和实践取向，开辟了无限广阔的发展空间。因此，推动绿色发展，建设生态文明，不同于传统意义上的污染控制和生态恢复，而是一个克服工业文明弊端，探索资源节约型、环境友好型发展道路的过程。由于我国巨大的人口基数和经济规模，即使采用各种末端治理措施，也难以避免严重的环境影响。生态文明建设要求人类不仅要积极倡导进步的生态文明思想和观念，而且要推进生态文明意识在经济、社会、文化各个领域的延伸。在经济领域，经济活动走生态化、无害化道路，大力发展生态经济，积极推进"绿色"产业、环保产业发展。大力开发和推广节约、替代、循环利用资源和治理污染的先进适用技术，发展再生能源和清洁能源，提高能源资源的利用率。形成有利于节约资源、减少污染的生产模式、产业结构和消费方式，并将这一发展战略具体落实到单位、家庭和个人。在政治领域，党和政府要重视生态问题，树立正确的发展观和生态观；在法制领域，要实行生态行政，推进生态民主建设，发挥人民群众建设生态文明的主体作用；在社会领域，要树立正确的发展观和生态观，把建设生态文明作为贯彻落实科学发展观、构建社会主义和谐社会的重要内容，积极倡导以生态文明意识为主导的社会潮流，优化"人居"生活环境，形成有利于人类可持续发展的适度消费、绿色消费的生活方式，树立保护生态、美化家园、绿化祖国的社会文明新风尚；在文化领域，要树立生态文化意识，摒弃人类自我中心思想，按照尊重自然、人与自然和谐相处的要求，提高人们对生态文化的认同，增强人们对自然生态环境行为的自律；在教育领域，要注重生态道德教育，广泛动员人民群众参与多种形式的生态道德实践活动，使人们自觉地履行保护生态环境的责任和义务。

## 三 推动绿色发展与生态文明建设是马克思主义关于人与自然关系思想的基本观点

马克思、恩格斯一直强调自然界在人类生产、生活与发展中的基础性地位。马克思主义从本体论的角度揭示了人与自然的统一关系。马克思指出，"那些现实的、有形体的、站在稳固的地球上呼吸着一切自然力的人，本来就是自然界直接的自然存在物，是自然界的一部分"。恩格斯指出，"人本身是自然界的产物，是在自己所处的环境中并且和这个环境一起发展起来的"。人的历史范畴，即人是自然界发展到一定阶段的产物，是自然界的一部分。人类通过改造自然，从自然界中获取自己生存所需要的物质资料，人的产生、生存和发展都离不开自然界。因此，人与自然是相统一的，人和自然互为对象，形成一个有机统一的整体。绿色发展，既是人的绿色发展，也是自然的绿色发展。生态环境问题也就是人类社会发展的问题。因此，建设生态文明，保持生态平衡，实现绿色发展，是新时代社会主义现代化建设中坚持与发展马克思主义的一个重要方面，是马克思主义关于人与自然关系思想的基本观点。

## 四 推动绿色发展与生态文明建设是提高全社会对保护自然生态及建设地球家园认识的桥梁

把保护自然生态提到文明建设的高度，是对我国现代文明建设基本经验的深层次认识和理性升华，是检验我们党执政能力的一项新标准，是我国生产方式的一项重要变革和拓展，有利于完善党的执政理念，增强人们的生态意识，树立破坏生态环境就是破坏生产力、保护生态环境就是保护生产力、改善生态环境就是发展生产力的新观念，从而促进现代文明建设全面、健康、协调、有序地绿色发展。在生态文明时代，人类活动将逐步由以经济活动为主转到以文化活动为主，科学、艺术、教育、信仰、道德、审美、健康、娱乐等方面的活动日益成为社会活动的主导内容，而人类的生活方式也将从着力追求物质利益、过度消费，日渐转为主要追求丰富多彩、简朴、清净的"绿色生活"。绿色发展与生态文明建设，将使人类突破民族、国家、阶级的藩篱，超越狭隘的个人利益与集体利益，强调整个人类对地球的共同责任和义务，促使人与人之间在更广泛的领域内实现一种平等的合作关系，共同保护和建设地球家园。建设生态文明，推动绿色发展，人类应从思想意识上实现三大转变：从传统的"向自然宣战""征服自然"的理念，向树立"人与自然和谐相处"的理念转变；从粗放型的以过度消耗资源破坏环境为代价的增长模式，向增强可持续发展能力、实现经济社会又好又快发展的模式转变；从把增长简单地等同于发展的观念以及重物轻人的发展观念，向以人的全面发展为核心的发展观念转变。

## 五　推动绿色发展与生态文明建设是社会主义市场经济体制发展和经济全球化的必然要求

社会主义市场经济体制是中国改革开放以来所建立的市场经济体制。市场经济的载体是商品，商品来自自然资源的转化和再生。其中包含两个方面，一方面是自然资源的有限性，另一方面是利益追求的无限性。加强生态文明建设，推动绿色发展，就是要使人们树立新的发展理念，正确面对"有限性"与"无限性"，自觉维护生态平衡，有条件地去改造、利用和保护自然，在开发中保护，在保护中开发，推动社会绿色发展。相对于传统经济发展模式，绿色经济发展模式更具有全球化的趋势。绿色经济发展以更加公平或节俭地配置资源为共同的价值观，不仅在当代人之间寻求公平，而且兼顾子孙后代的福祉。在环境问题上，世界各国人民一损俱损，一荣俱荣。因此，绿色经济发展的全球化趋势必然会得到世界各国人民的普遍认同。中国在促进绿色经济全球化方面扮演着重要角色，为促进绿色经济国际合作作出了巨大努力。例如，中国在担任 G20（20 国集团）主席国期间，开启了绿色经济主题。中国在推动"一带一路"建设的同时，加强了绿色投资。由此可见，推动绿色发展与生态文明建设，是社会主义市场经济体制发展和经济全球化的必然要求。

## 六　推动绿色发展与生态文明建设是保持经济持续健康发展和提高人民生活质量的现实要求

推动绿色发展和生态文明建设，是实现经济持续健康发展与提高人民生活质量内在统一的客观要求。习近平指出，"我们既要绿水青山，也要金山银山。宁要绿水青山，不要金山银山，而且绿水青山就是金山银山"。保护生态环境就是保护生产力，改善生态环境就是发展生产力。尽管近年来我国生态文明建设取得了重要进展，但经济发展面临着越来越突出的资源和环境的制约，人民群众对良好生态环境的迫切要求越来越强。因此，绿色发展势在必行。当前，我国资源环境存在的问题，一是我国石油、重要矿产资源的对外依存度快速上升，资源约束趋紧；二是环境状况总体恶化趋势没有得到根本遏制，环境污染严重，一些重点流域水污染严重，部分城市灰霾天气增多，环境群体性事件频发；三是生态系统退化，全国生态系统破坏造成的自然灾害频发。这些问题的产生，一方面是因为我国人口众多、资源短缺、环境容量有限、生态脆弱，加之我国发展速度很快，发达国家几百年间逐步显露的问题在我国被压缩到几十年间集中显现；另一方面是因为我国经济发展方式没有根本转变，生态文明的理念没有牢固树立，生态不文明的做法还很普遍。这就要求我们从源头上、根本上跨过资源环境这道坎，不仅要加快转变经济发展方式，而且必须大力推进生态文明建设，推进全社会走绿色发展的道路。

## 七 推动绿色发展和生态文明建设是实现绿色经济与乡村振兴充分融合的现实需要

乡村振兴战略是党的十九大提出的一项重大战略，是关系全面建设社会主义现代化国家的全局性、历史性任务，是新时代"三农"工作的总抓手。习近平强调，乡村振兴是包括产业振兴、人才振兴、文化振兴、生态振兴、组织振兴的全面振兴，乡村振兴要树牢绿色发展理念。广大农村地区是乡村振兴战略的重中之重、难中之难。只有坚持把发展绿色经济与贫困人口脱贫致富和贫困地区跨越发展结合起来，在坚持精准扶贫、精准脱贫的原则下积极探索脱贫扶贫的有效路径，让广大农村地区共享经济社会发展的繁荣成果，实现城乡协同发展，才能从真正意义上实现全面小康。

## 八 推动绿色发展和生态文明建设是建设"美丽中国"与构建人类命运共同体高度结合的必由之路

习近平在全国生态环境保护大会上指出，要建立健全以生态价值观念为准则的生态文化体系、以产业生态化和生态产业化为主体的生态经济体系、以改善生态环境质量为核心的目标责任体系、以治理体系和治理能力现代化为保障的生态文明制度体系、以生态系统良性循环和环境风险有效防控为重点的生态安全体系。这五个体系为我们清晰描绘出了通过推动绿色发展和建设生态文明建设"美丽中国"的蓝图和路径。开放是国家繁荣发展的必由之路。以开放促改革、促发展，是我国现代化建设不断取得新成就的重要法宝。今天，人类交往的世界性比过去任何时候都更广泛、更深入，各国之间的相互联系和彼此依存也比过去任何时候都更紧密、更频繁，国际社会日益成为一个你中有我、我中有你的命运共同体。面对世界的复杂形势和全球性问题，生态文明建设也不再是单纯的一国问题。推动绿色发展和生态文明建设，是建设"美丽中国"与构建人类命运共同体高度结合的必由之路。必须坚持推动构建人类命运共同体，构筑尊崇自然、绿色发展的生态体系，始终做世界和平的建设者、全球发展的贡献者、国际秩序的维护者。

### 📖 知识链接

### 习近平出席全国生态环境保护大会并发表重要讲话（节选）

全国生态环境保护大会2018年5月18日至19日在北京召开。中共中央总书记、国家主席、中央军委主席习近平出席会议并发表重要讲话。他强调，要自觉把经济社会发展同生态文明建设统筹起来，充分发挥党的领导和我国社会主义制度能够集中力量办大事的政治优势，充分利用改革开放40年来积累的坚实物质基础，加大力度推进生态文明建设、解决生态环境问题，坚决打好污染防治攻坚战，推动我国生态文明建设迈上新台阶。

习近平在讲话中强调，生态文明建设是关系中华民族永续发展的根本大计。中华民族向来尊重自然、热爱自然，绵延 5000 多年的中华文明孕育着丰富的生态文化。生态兴则文明兴，生态衰则文明衰。党的十八大以来，我们开展一系列根本性、开创性、长远性工作，加快推进生态文明顶层设计和制度体系建设，加强法治建设，建立并实施中央环境保护督察制度，大力推动绿色发展，深入实施大气、水、土壤污染防治三大行动计划，率先发布《中国落实 2030 年可持续发展议程国别方案》，实施《国家应对气候变化规划（2014—2020 年）》，推动生态环境保护发生历史性、转折性、全局性变化。

习近平指出，总体上看，我国生态环境质量持续好转，出现了稳中向好趋势，但成效并不稳固。生态文明建设正处于压力叠加、负重前行的关键期，已进入提供更多优质生态产品以满足人民日益增长的优美生态环境需要的攻坚期，也到了有条件有能力解决生态环境突出问题的窗口期。我国经济已由高速增长阶段转向高质量发展阶段，需要跨越一些常规性和非常规性关口。我们必须咬紧牙关，爬过这个坡，迈过这道坎。

习近平强调，生态环境是关系党的使命宗旨的重大政治问题，也是关系民生的重大社会问题。广大人民群众热切期盼加快提高生态环境质量。我们要积极回应人民群众所想、所盼、所急，大力推进生态文明建设，提供更多优质生态产品，不断满足人民群众日益增长的优美生态环境需要。

习近平指出，新时代推进生态文明建设，必须坚持好以下原则：一是坚持人与自然和谐共生，坚持节约优先、保护优先、自然恢复为主的方针，像保护眼睛一样保护生态环境，像对待生命一样对待生态环境，让自然生态美景永驻人间，还自然以宁静、和谐、美丽；二是绿水青山就是金山银山，贯彻创新、协调、绿色、开放、共享的发展理念，加快形成节约资源和保护环境的空间格局、产业结构、生产方式、生活方式，给自然生态留下休养生息的时间和空间；三是良好生态环境是最普惠的民生福祉，坚持生态惠民、生态利民、生态为民，重点解决损害群众健康的突出环境问题，不断满足人民日益增长的优美生态环境需要；四是山水林田湖草是生命共同体，要统筹兼顾、整体施策、多措并举，全方位、全地域、全过程开展生态文明建设；五是用最严格制度最严密法治保护生态环境，加快制度创新，强化制度执行，让制度成为刚性的约束和不可触碰的高压线；六是共谋全球生态文明建设，深度参与全球环境治理，形成世界环境保护和可持续发展的解决方案，引导应对气候变化国际合作。

习近平强调，要加快构建生态文明体系，加快建立健全以生态价值观念为准则的生态文化体系、以产业生态化和生态产业化为主体的生态经济体系、以改善生态环境质量为核心的目标责任体系、以治理体系和治理能力现代化为保障的生态文明制度体系、以生态系统良性循环和环境风险有效防控为重点的生态安全体系。要通过加快构建生态文明体系，确保到 2035 年，生态环境质量实现根本好转，美丽中国目标基本实现。到 21 世纪中叶，物质文明、政治文明、精神文明、社会文明、生态文明全面提升，绿色发展方式和生活方式全面形成，人与自然和谐共生，生态环境领域国家治理体系和治理能力现代化全面实现，建成美丽中国。

习近平指出，要全面推动绿色发展。绿色发展是构建高质量现代化经济体系的必然要求，是解决污染问题的根本之策。重点是调整经济结构和能源结构，优化国土空间开发布局，调整区域流域产业布局，培育壮大节能环保产业、清洁生产产业、清洁能源产业，推进资源全面节约和循环利用，实现生产系统和生活系统循环链接，倡导简约适度、绿色低碳的生活方式，反对奢侈浪费和不合理消费。

习近平强调，要把解决突出生态环境问题作为民生优先领域。坚决打赢蓝天保卫战是重中之重，要以空气质量明显改善为刚性要求，强化联防联控，基本消除重污染天气，还老百姓蓝天白云、繁星闪烁。要深入实施水污染防治行动计划，保障饮用水安全，基本消灭城市黑臭水体，还给老百姓清水绿岸、鱼翔浅底的景象。要全面落实土壤污染防治行动计划，突出重点区域、行业和污染物，强化土壤污染管控和修复，有效防范风险，让老百姓吃得放心、住得安心。要持续开展农村人居环境整治行动，打造美丽乡村，为老百姓留住鸟语花香田园风光。

习近平指出，要有效防范生态环境风险。生态环境安全是国家安全的重要组成部分，是经济社会持续健康发展的重要保障。要把生态环境风险纳入常态化管理，系统构建全过程、多层级生态环境风险防范体系。要加快推进生态文明体制改革，抓好已出台改革举措的落地，及时制订新的改革方案。

习近平强调，要提高环境治理水平。要充分运用市场化手段，完善资源环境价格机制，采取多种方式支持政府和社会资本合作项目，加强重大项目科技攻关，对涉及经济社会发展的重大生态环境问题开展对策性研究。要实施积极应对气候变化国家战略，推动和引导建立公平合理、合作共赢的全球气候治理体系，彰显我国负责任大国形象，推动构建人类命运共同体。

习近平强调，打好污染防治攻坚战时间紧、任务重、难度大，是一场大仗、硬仗、苦仗，必须加强党的领导。各地区各部门要增强"四个意识"，坚决维护党中央权威和集中统一领导，坚决担负起生态文明建设的政治责任。地方各级党委和政府主要领导是本行政区域生态环境保护第一责任人，各相关部门要履行好生态环境保护职责，使各部门守土有责、守土尽责、分工协作、共同发力。要建立科学合理的考核评价体系，考核结果作为各级领导班子和领导干部奖惩和提拔使用的重要依据。对那些损害生态环境的领导干部，要真追责、敢追责、严追责，做到终身追责。要建设一支生态环境保护铁军，政治强、本领高、作风硬、敢担当，特别能吃苦、特别能战斗、特别能奉献。各级党委和政府要关心、支持生态环境保护队伍建设，主动为敢干事、能干事的干部撑腰打气。

（赵超、董峻．习近平出席全国生态环境保护大会并发表重要讲话．新华社，2018.5.19.）

## 思考题

1. 简介绿色发展理念的要义。
2. 什么是生态文明？
3. 阐述新时代推动绿色发展和生态文明建设的意义。

# 第二章 习近平生态文明思想的时代价值

## 第一节 习近平生态文明思想的地位

### 一 习近平生态文明思想的产生

党的十八大以来，习近平同志创造性地提出了一系列新理念、新思想、新战略，在卓越的理论创新和重大成就的厚实基础上，水到渠成，诞生了系统科学、逻辑严密的习近平生态文明思想。我国生态文明建设和生态环境保护从认识到实践之所以发生历史性变革，取得历史性成就，正是归根于习近平生态文明思想的科学指引。

习近平为生态文明建设倾注了巨大心血，他的足迹遍布大江南北、城市乡村，他对各地的生态环境情况都了然于心、深思细究。福建是习近平生态文明思想的重要孕育地之一。1985 年 6 月至 2002 年 10 月，习近平在福建工作长达 17 年半，他先后任职于厦门、宁德、福州和省委、省政府。习近平高度重视生态环境保护和可持续发展，深入开展调查研究，提出了一系列符合科学发展规律、具有战略性和前瞻性的生态文明建设理念、思路和重大决策部署，为福建的发展打下了坚实基础。习近平把林业摆在福建山区脱贫致富的战略地位，在全国率先开展集体林权制度改革；他倡导经济社会在资源的永续利用中良性发展，在全国率先谋划"生态省"建设。习近平主持编制的《福建生态省建设总体规划纲要》，系统谋划了福建生态效益型经济发展的目标、任务和举措。这些重要论述，深刻体现了他对生态生产力的独特认识，包含生态优先、绿色发展的理念，体现了"山水林田湖草是生命共同体"的系统性思维。习近平到中央工作后，更是关心生态文明建设工作。2014 年，习近平指出，要有更强的生态意识，大力保护生态环境。

近年来，习近平在多个场合反复强调，生态文明建设是关系中华民族永续发展的根本大计，要深刻认识加强生态文明建设的重大意义。在海南，习近平为发展定位，"青山绿水、碧海蓝天"是海南最强的优势和最大的本钱，要留住"飞泉泻万仞，舞鹤双低昂"那样的风景；在湖南，习近平谆谆告诫，"洞庭波涌连天雪，长岛人歌动地诗""长烟一空，皓月千里，浮光跃金，静影沉璧"这样的乡情美景不能弄没了，要将其与现代生活融为一体；在青海高原，习近平殷殷嘱托，要确保"一江清水向东流"……

从实践中萌发并不断丰富发展的习近平生态文明思想，不仅为建设美丽中国提供坚强指引，还跨越山和海，推动中国成为全球生态文明建设的重要参与者、贡献者、引领者。早在 2003 年，时任浙江省委书记的习近平，就深入调研、亲自擘画，在浙江亲自推动

"千村示范、万村整治"工程。经过 15 年努力，2018 年 9 月 27 日，联合国环境规划署将年度"地球卫士奖"中的"激励与行动奖"颁给这项工程，这标志着"千万工程"从中国农村走向世界。

2018 年 5 月 18 日至 19 日召开的全国生态环境保护大会，是我国生态文明建设史上一次十分重要的会议，习近平在大会上发表重要讲话，深入分析我国生态文明建设面临的形势和任务，深刻阐述加强生态文明建设的重大意义、重要原则，对全面加强党对生态文明建设的领导，坚决打好污染防治攻坚战作出了全面部署。这篇重要讲话，全面、系统地概括了习近平生态文明思想。

## 二 习近平生态文明思想的地位

习近平生态文明思想是习近平新时代中国特色社会主义思想的重要组成部分，是指导生态文明建设的重要思想，是一个科学的思想理论体系。这一重要思想，深刻回答了为什么要建设生态文明、建设什么样的生态文明以及如何建设生态文明等重大理论和实践问题，是我们党的重大理论和实践创新成果，是当前我国新时代推动生态文明建设的根本遵循。

### （一）习近平生态文明思想实现了生态文明建设与坚持中国特色社会主义的有机统一

生态文明建设是中国特色社会主义事业的重要内容。中国特色社会主义进入新时代，我国社会主要矛盾已经转化为人民日益增长的美好生活需要和不平衡不充分发展之间的矛盾。人们对物质文化的需求达到了更高的层次，对环境保护、生态安全等方面的要求也日益提升。在党的十八大报告中，习近平在对"五位一体"总体布局重要内容的有关论述中，把生态文明建设与坚持中国特色社会主义有机统一起来，并在十八届五中全会上将"绿色"纳入五大发展理念，将"美丽"作为建设社会主义现代化强国的奋斗目标，要求建立健全社会主义生态文明体系，勾勒出从目标到原则到行动的路线图。这些都是他对中国特色社会主义理论体系的重要贡献。党的十八大以来，习近平围绕"为什么要建设社会主义生态文明、建设什么样的社会主义生态文明、如何建设社会主义生态文明"发表了系列重要讲话。这一系列重要讲话，科学地回答了当代中国建设社会主义生态文明的终极价值取向、基本理念、基本思路、突破重点、制度保障、主体力量、国际合作等重大现实问题，是中国特色社会主义理论体系的重要组成部分。习近平在党的十九大报告中，明确提出了"要创造更多物质财富和精神财富以满足人民日益增长的美好生活需要，也要提供更多优质生态产品以满足人民日益增长的优美生态环境需要"的要求，使全国人民真正树立起对中国特色社会主义的自信，其意义深远，作用巨大。习近平生态文明思想，是中国特色社会主义生态文明建设理论的新发展，具有鲜明的时代特征和中国特色，体现着辩证唯物主义的精神，丰富了中国特色社会主义生态文明建设理论，为建设美丽中国，实现中华民族永续发展提供了科学指南。

### （二）习近平生态文明思想是对马克思主义人与自然关系思想的历史性贡献

习近平生态文明思想实现了对人类文明发展规律的再认识，是人类社会发展史、文明演进史上具有里程碑意义的大理念、大哲学，是对马克思主义人与自然关系思想的历史性贡献：第一，习近平生态文明思想丰富并发展了马克思主义自然观。马克思和恩格斯强调自然、环境对人具有客观性和先在性，人们对客观世界的改造，必须建立在尊重自然规律的基础之上。习近平关于"尊重自然、顺应自然、保护自然"的生态文明理念，是对马克思主义关于人与自然关系理论的继承和发展。第二，习近平生态文明思想丰富并发展了马克思主义生产力理论。生产力是一切社会发展的最终决定力量。马克思指出，自然界不仅是劳动者的生命力、劳动力和创造力的最终源泉，而且是"一切劳动资料和劳动对象的第一源泉"。习近平提出的"牢固树立保护生态环境就是保护生产力、改善生态环境就是发展生产力"的理念，把自然生态环境纳入生产力范畴，深刻阐明了生态环境与生产力之间的关系，揭示了生态环境作为生产力内在属性的重要地位，丰富并发展了马克思主义生产力理论。第三，习近平生态文明思想深刻揭示了人类文明发展规律。人类社会的发展史，从根本上来说就是人类文明的演进史、人与自然的关系史。习近平指出，"生态兴则文明兴，生态衰则文明衰"。习近平生态文明思想深刻揭示了人类文明发展规律，明确界定了生态文明的历史阶段。习近平指出，人类经历了原始文明、农业文明、工业文明，生态文明是工业文明发展到一定阶段的产物，是实现人与自然和谐发展的新要求。这说明，生态文明是相较于工业文明更高级别的文明形态，符合人类文明演进的客观规律。

### （三）习近平生态文明思想是构建人类命运共同体的重要组成部分

面对世界的复杂形势和全球性问题，生态文明建设也不再是单纯的一国问题。习近平强调，"国际社会日益成为一个你中有我、我中有你的命运共同体"。习近平洞察人类和地球的古今之变，审慎思考中国和全体人类的未来，吸取众多先哲时贤的智慧，提出"构建人类命运共同体"的伟大命题和响亮倡议，力图为解决这些重大国际问题作出贡献。习近平在各种国际外交场合和国内重要会议中多次对人类命运共同体理念进行了详细阐释，并用这一重要理念向世界传递对人类文明走向的中国判断。习近平关于构建人类命运共同体的生态文明思想，在中国特色社会主义建设伟大实践的基础上，充分挖掘中国传统文化的独特优势，吸取人类文明发展的各类成果，运用并深化了马克思主义理论，不但使其在中国大地落地生根，而且在全球范围内共同构筑尊崇自然、绿色发展的生态体系，中国始终做世界和平的建设者、全球发展的贡献者、国际秩序的维护者。

习近平生态文明思想以其鲜明的全球视野和开放品格，揭示出工业文明社会发展到一定阶段后人类社会必然走向生态文明共同体的特殊运行规律，彰显了生态文明的"共同体"责任。从人与生态环境的关系考察，农业文明的共同体，追求的核心是解决生存，表现为生活共同体；工业文明的共同体，追求的核心是财富，表现为利益共同体；而生态文明的共同体，因为生态系统不可切割、生态后果不分疆域，所以它是真正的人类命运共同体。生态文明必将是人类命运共同体时代的主体文明。这是习近平生态文明思想对当代中国和世界文明发展的独特贡献。

以生态文明推动构建人类命运共同体，体现在三个方面：第一，生态文明将成为社会主义交流的平台。文明的转型决定社会政治经济制度的变革。农业文明带动了封建主义的产生，工业文明推动了资本主义的兴起，生态文明将促进社会主义的全面发展。建设社会主义生态文明，是人类文明观的超越，它将有助于增进不同制度背景下的环境公平与社会正义，使社会主义成为全球可持续发展运动的引领者，为构建人类命运共同体进行"绿色实验"。第二，生态文明为人类共同价值提供重要内涵。生态文明是人类社会在传统与现代之间安定身心与灵魂的文明，是世界上不同文明、不同宗教、不同意识形态之间的"最大公约数"，可以为人类共同价值提供重要内涵。第三，生态文明是讲好"中国故事"的平台。生态文明是最容易引起共鸣、凝聚共识的执政理念。从生态文明角度切入，传播中华文明"包容""和合"的理念，讲清楚中国崛起是绿色崛起与和平崛起的历史基因。全球化时代，我们会通过国际分工缓解能源资源紧张问题，也将通过和平、公正、符合多边贸易规则的方式获取能源资源。

在习近平生态文明思想引领下的中国特色社会主义生态文明建设，为建构人类命运共同体提供了理想的实验通道，在为中国人民谋幸福的同时，也为世界人民谋大同，为人类文明的可持续繁荣作出积极的贡献。

## （四）习近平生态文明思想是新时代推进中国与世界生态文明建设的重要指引

20 世纪 60 年代以来，世界范围内的环境污染与生态破坏日益严重，滥伐森林、水土流失、臭氧层破坏、全球气候变暖等现象，昭示着国际保护环境的必要性。作为负责任的大国，中国高度重视生态文明建设和环境保护，积极履行国际职责和义务。习近平把中国追求"绿水青山"与践行大国责任紧密联系起来，提出的"绿水青山就是金山银山"理论已成为当代中国乃至世界的发展共识。2013 年，习近平提出这一理念，向全世界传达了中国引领生态文明建设的美丽愿景。2017 年，习近平在党的十九大报告中提出"坚持节约资源和保护环境的基本国策"。2018 年，习近平在全国生态环境保护大会上，提出要加快形成节约资源和保护环境的空间格局、产业结构、生产方式、生活方式。2019 年，习近平在全国两会上，提出要"保持加强生态文明建设的战略定力"。这些重要思想，都为新时代推进中国与世界生态文明建设提供了重要指引。

## （五）习近平生态文明思想是民生情怀的炽热体现

党的十八大以来，习近平站在谋求中华民族长远发展、实现人民福祉的战略高度，围绕建设美丽中国、推动社会主义生态环境保护全局性发展，提出了一系列新思想、新论断、新举措，大力促进实现经济社会发展与生态环境保护相协调，开辟了人与自然和谐发展新境界。习近平在党的十九大报告中指出，"生态文明建设功在当代、利在千秋"。习近平生态文明思想是站在人类发展命运的立场上作出的战略判断和总体部署，体现了炽热的民生情怀。建设生态文明，是民意，也是民生。在习近平看来，既要生态美，也要百姓富。早在 2001 年，时任福建省省长的习近平，就把集体林权制度改革作为一项重大民生工程对其给予了特别关注。他到武平县调研后，作出了"集体林权制度改革要像家庭联产承包责任制那样从山下转向山上"的历史性决定。如今，这项被誉为"我国农村第三次土地革命"的改革已将27亿亩山林承包到户，为5亿农民带来福祉。民之所望，施政所向。习近平强调，"人民群众对清新空气、清澈水质、清洁环境等生态产品的需求越来越迫切，生态环境越来越珍贵。我们必须顺应人民群众对良好生态环境的期待，推动形成绿色低碳循环发展的新方式，并从中创造新的增长点。生态环境问题是利国利民利子孙后代的一项重要工作，决不能说起来重要、喊起来响亮、做起来挂空挡"。习近平多次强调，"我们要下定决心，实现我们对人民的承诺"。当前，在习近平生态文明思想的指导下，全国人民一定能够完成建设生态文明、建设美丽中国的战略任务，给子孙留下天蓝、地绿、水净的美好家园，赢得永续发展的美好未来。

# 第二节　习近平生态文明思想的深刻内涵

党的十八大以来，以习近平同志为核心的党中央把生态文明建设摆在治国理政的突出位置，开展了一系列根本性、开创性、长远性工作，深刻回答了为什么建设生态文明、建设什么样的生态文明、怎样建设生态文明的重大理论和实践问题，提出了一系列新理念、新思想、新战略，形成了习近平生态文明思想。习近平生态文明思想是习近平新时代中国特色社会主义思想的重要组成部分，能引领生态环境保护取得历史性成就、发生历史性变革。

2018年5月18日至19日，全国生态环境保护大会在北京召开。这次大会确立了习近平生态文明思想，这是具有标志性、创新性、战略性的重大理论成果，是新时代生态文明建设的根本遵循与最高准则，为推动生态文明建设、加强生态环境保护提供了思想指引和行动指南。2018年5月18日习近平在大会上的讲话，是集中展现这一思想主要理论成果的标志性文献。习近平生态文明思想的内涵十分丰富，集中体现了以下"八个观"。

## 一　生态兴则文明兴、生态衰则文明衰的深邃历史观

生态文明建设是一场涉及生产方式、生活方式和价值观念的革命，关系到人民的福祉和民族的未来。习近平在讲话中强调，生态文明建设是关系到中华民族永续发展的根本大计。这个"根本大计"的提法，是对生态文明建设历史地位的新宣示，将推动全社会对生态文明建设战略地位的认知发生历史性变化。中华民族向来尊重自然、热爱自然，绵延5000多年的中华文明孕育着丰富的生态文化。无论从世界还是从中华民族的文明历史来看，生态环境的变化都直接影响文明的兴衰演替。我们必须坚持节约资源和保护环境的基本国策，坚定走生产发展、生活富裕、生态良好的文明发展道路，为中华民族永续发展打好根基，为子孙后代留下天蓝、地绿、水净的美好家园。习近平已经清醒地看到人与自然和人与人的关系是如何互相叠加和促动的，生态危机的根源不仅应该到人对自然的认识和

价值关系中找寻，更应该到立体的、纵横交错的人和人的社会关系中去找寻，"生态兴则文明兴，生态衰则文明衰"破解了如何在人与人的社会关系中化解人与自然博弈的非合作性，表明了习近平生态文明思想是基于历史视域、深入到生态环境问题的历史本质性形成的深邃历史观。

党的十八大以来，我国开展一系列根本性、开创性、长远性工作，加快推进了生态文明顶层设计和制度体系建设，加强法治建设，建立并实施中央环境保护督察制度，大力推动绿色发展，深入实施大气、水、土壤污染防治三大行动计划，率先发布《中国落实2030年可持续发展议程国别方案》，实施《国家应对气候变化规划（2014—2020年）》，推动生态环境保护发生历史性、转折性、全局性变化。我国生态文明建设正处于压力叠加、负重前行的关键期，已进入提供更多优质生态产品以满足人民日益增长的优美生态环境需要的攻坚期，也到了有条件、有能力解决生态环境突出问题的窗口期。习近平以历史的眼光对十八大以来的生态文明建设所给予的肯定，是对当前生态文明建设所处的历史阶段的清醒把握，他作出了生态文明建设面临"三期叠加"这一重大判断。其中，"关键期"是对当前所处历史阶段作出的认识定位；"攻坚期"说明在当前全面建成小康社会进程中，更高的环境保护要求与经济社会正处于艰难协调发展的状况；"攻坚期"同时也是重大机遇的"窗口期"，表明我们在这一阶段有条件、有能力解决生态环境的突出问题。这里所说的"条件"，是我国社会主义制度能够集中力量办大事的政治优势，是改革开放40年来积累的坚实的物质基础，是经济由高速增长转向高质量发展带来的特定历史机遇。因此，我们必须"咬紧牙关，爬过这个坡、迈过这道坎"，在关口和困难面前不放松、加油干。

习近平在全国生态环境保护大会上提出了到2035年、到21世纪中叶"美丽中国"的建设蓝图：确保到2035年，我国生态环境质量实现根本好转，"美丽中国"目标基本实现。到21世纪中叶，物质文明、政治文明、精神文明、社会文明、生态文明全面提升，绿色发展方式和生活方式全面形成，人与自然和谐共生，生态环境领域国家治理体系和治理能力现代化全面实现，建成美丽中国。这是一个联结历史与现实，中国经历最大规模、最为深刻的生态文明变革，中国社会向生态文明社会全面转型的明确的"时间表"。

## 二 坚持人与自然和谐共生的科学自然观

人与自然是生命共同体。两者的辩证关系是人类发展的永恒主题。人类发展活动必须尊重自然、顺应自然、保护自然，否则就会遭到大自然的报复，这个规律谁也无法抗拒。人因自然而生，人与自然是一种共生关系，对自然的伤害最终会伤及人类自身。人类只有遵循自然规律，才能有效防止在开发利用自然的道路上走弯路。习近平在党的十九大报告中，明确把"坚持人与自然和谐共生"纳入新时代坚持和发展中国特色社会主义的基本方略。生态文明建设是人与自然和谐共生的反映，显示了一个国家的发展程度和文明程度。我们建设的现代化是人与自然和谐共生的现代化。在全面建设社会主义现代化强国的新征程上，我们要坚持节约优先、保护优先、自然恢复为主的方针，像保护眼睛一样保护生态环境，像对待生命一样对待生态环境，注重处理好发展过程中人与自然的关系，推动形成人与自然和谐发展的现代化建设新格局，还自然以宁静、和谐、美丽。习近平生态文明思想顺应了社会发展规律，是关于人、自然、社会辩证统一的思想，是对人与自然和谐共生的科学自然观的极大丰富和发展。

## 三 绿水青山就是金山银山的绿色发展观

习近平指出，"我们既要绿水青山，也要金山银山。宁要绿水青山，不要金山银山，而且绿水青山就是金山银山"。"绿水青山就是金山银山"的绿色发展观，深刻揭示了保护生态环境就是保护生产力、改善生态环境就是发展生产力的本质，进一步阐明了生态环境保护与经济社会发展之间的辩证统一关系。生态文明建设是中国发展史上的一场深刻变革。"绿水青山"即生态环境是生产力的基础要素。生产力既取决于资本和劳动等生产要素，也取决于科学技术，还取决于生态环境。良好的生态环境不仅能直接提供生态产品，而且影响和决定着人类创造社会财富的能力。"绿水青山"既是自然财富、生态财富，又是社会财富、经济财富。保护生态就是保护自然价值和增值自然资本，就是保护经济社会发展潜力和后劲，破坏生态环境就是自毁发展前途。我们要树立和贯彻新发展理念，处理好发展与保护的平衡关系，推动形成绿色发展方式和生活方式，实现经济社会发展和生态环境保护的协同共进。

## 四 良好生态环境是最普惠的民生福祉的基本民生观

习近平生态文明思想回应了人民对加快提高生态环境质量的热切期盼，体现了良好生态环境是最普惠的民生福祉的基本民生观。环境就是民生，青山就是美丽，蓝天也是幸福。中国特色社会主义进入新时代，我国社会主要矛盾已经转化为人民日益增长的美好生活需要和不平衡不充分的发展之间的矛盾。从过去的"盼温饱""求生存"到现在的"盼环保""讲生态"，人民群众不仅对物质文化生活提出了更高要求，而且在环境等方面的要求日益增长。人民群众期盼享有更优美的环境。坚持以人民为中心的习近平生态文明思想，在继续推动发展的基础上，始终坚持生态惠民、生态利民、生态为民，重点解决损害群众健康的突出环境问题，还老百姓蓝天白云、繁星闪烁、清水绿岸、鱼翔浅底、鸟语花香、田园风光，不断满足人民群众日益增长的优美生态环境需要。

## 五 山水林田湖草是生命共同体的整体系统观

山水林田湖草是生命共同体的整体系统观，是习近平生态文明思想的重要组成部分，它的核心是突出"共同体"，强调了对自然生态系统的统筹治理。生态是统一的自然系统，是相互依存、紧密联系的有机链条。山水林田湖是一个生命共同体，人的命脉在田，田的命脉在水，水的命脉在山，山的命脉在土，土的命脉在林和草。山水林田湖草的用途管制和生态修复必须遵循自然规律，如果种树的只管种树、治水的只管治水、护田的单纯护田，很容易顾此失彼，最终造成生态的系统性破坏。因此，要按照生态系统的整体性、系统性及内在规律，统筹考虑自然生态各要素，山上山下、地上地下、陆地海洋以及流域上下游，进行整体保护、宏观管控、综合治理，全方位、全地域、全过程开展生态文明建设，增强生态系统循环能力，维护生态平衡。

## 六 用最严格制度保护生态环境的严密法治观

制度带有全局性、稳定性，能够管根本、管长远。利用制度保护生态环境，必须以法律法规为基础，推进深化改革和创新，从法律法规、标准体系、体制机制以及重大制度安排入手进行总体部署，使生态文明建设进入法律化、制度化的轨道。习近平指出，"推动绿色发展，建设生态文明，重在建章立制，用最严格的制度、最严密的法治保护生态环境，健全自然资源资产管理体制，加强自然资源和生态环境监管，推进环境保护督察，落实生态环境损害赔偿制度，完善环境保护公众参与制度"。因此，在生态环境保护问题上，不能越雷池一步，否则就应该受到制度的惩罚。必须按照源头严防、过程严管、后果严惩的思路，构建产权清晰、多元参与、激励约束并重、系统完整的生态文明制度体系，建立有效的约束开发行为和促进绿色发展、循环发展、低碳发展的生态文明法律体系，让制度成为刚性的约束和不可触碰的高压线。

## 七 全社会共同建设美丽中国的全民行动观

"美丽中国"是人民群众共同参与、共同建设、共同享有的事业。习近平多次提出"全社会共同建设'美丽中国'"，他指出，全社会都要按照党的十八大提出的建设"美丽中国"的要求，切实增强生态意识，切实加强生态环境保护，把我国建设成为生态环境良好的国家。他还指出，要坚持全国动员、全民动手植树造林，努力把建设"美丽中国"化为人民自觉行动。在环境问题上，全社会每个成员责无旁贷。改善生态环境、建设"美丽中国"，每一个人都需要出实力。必须加强生态文明宣传教育，强化公民环境意识，推动形成简约适度、绿色低碳、文明健康的生活方式和消费模式，促使人们从意识向意愿转变，从抱怨向行动转变，以行动促进认识提升，知行合一，把建设"美丽中国"转化为全民的自觉行动。

## 八 共谋全球生态文明建设之路的共赢全球观

人类是命运共同体，建设绿色家园是人类的共同梦想。共谋全球生态文明建设之路的共赢全球观，是习近平生态文明思想的重要组成部分。它的核心是突出"共同体"，强调生态文明建设已成为全球共同面对的问题，推动全球生态文明建设是构建人类命运共同体的一个重要方面。因此，保护自然生态的生命共同体，既是人类共同的利益，也是人类共同的责任。当前，世界经济一体化导致了人类对自然资源的过度利用及对生态环境的污染破坏。面对生态危机、环境危机这种全球性挑战，没有哪个国家可以置身事外，独善其身。虽然当今世界存在着不同利益群体、不同宗教信仰、不同意识形态与不同社会制度，但生态文明会让世界各国共谋人类共同的未来。世界各国通过深度参与全球环境治理，形成世界环境保护和可持续发展的解决方案，引导应对气候变化国际合作，推动构筑尊崇自然、绿色发展的生态体系，保护好人类赖以生存的地球家园。

## 第三节　习近平生态文明思想的时代价值

### 一　习近平生态文明思想是习近平新时代中国特色社会主义思想的有机组成部分

党的十八大以来，以习近平同志为核心的党中央明确将生态文明纳入"五位一体"总体布局中统筹推进，并特别强调要将生态文明建设贯穿经济、政治、文化、社会建设的各领域与全过程；在建设社会主义现代化国家的目标中，将富强、民主、文明、和谐、美丽融为一体，既以富强、民主、文明、和谐支撑美丽，又将美丽融入富强、民主、文明、和谐，实现总体布局与总体目标的对称统一；在指导和引领未来发展的五大发展新理念中，明确了旨在推进生态文明建设实现人与自然和谐共生的绿色理念。建设生态文明，推动绿色发展，不仅是要解决经济社会发展中面临的生态环境问题，适应可持续发展时代要求，而且是要使我们在经济社会发展中更好地尊重自然，顺应自然和保护自然。人类只有遵循自然规律才能有效防止在开发利用自然的道路上走弯路，人类对大自然的伤害最终会伤及人类自身，生态兴则文明兴，生态衰则文明衰，这是无法抗拒的规律。我们要在世界发展由工业文明向生态文明阶段转变的进程中推进发展方式与生活方式的转变，抓住战略机遇，赢得未来竞争，占领战略制高点，这是中华民族永续发展的千年大计和根本大计。习近平生态文明思想的提出，增强了习近平新时代中国特色社会主义思想的时代性、深刻性和战略性，为全面推进生态文明建设，保障中华民族的永续发展提供了科学、系统的思想引领与行动指南。

### 二　习近平生态文明思想是马克思主义生态思想中国化的新成果

习近平总书记在纪念马克思诞辰 200 周年大会上的讲话中指出，学习马克思，就要学习和实践马克思主义关于人与自然关系的思想，全党上下要把生态文明建设作为一项重要政治任务，动员全社会力量推进生态文明建设，共建"美丽中国"，让人民群众在"绿水青山"中共享自然之美、生命之美、生活之美，走出一条生产发展、生活富裕、生态良好的文明发展道路。中国特色社会主义开创的文明发展道路，是包括生态文明和奔向生态文明的道路，指导这一文明发展道路创新的是习近平生态文明思想，这一思想是坚持以马克思主义关于人与自然关系思想为指导的马克思主义中国化的新领域与新成果。

### 三　习近平生态文明思想是对人类社会发展规律的深刻揭示

作为用先进理论武装起来的政党，中国共产党重视理论研究、实践探索与经验总结。在人类的工业化进程中，人类面临的各种难题与困惑，关键在于现有的思想没有深度揭示出人与自然的关系，甚至出现人类的文明发展反而加剧和恶化人与自然关系的现象，历史反复教训人类，背离生态的文明是脆弱的文明与短命的文明。党的十八大以来，我国特别注重开创新型工业化道路，坚持人与自然和谐共生，将推进绿色发展方式和生活方式转变作为一场深刻革命，加快形成节约资源和保护环境的空间格局、产业结构、生产方式、生活方式，给自然生态留下休养生息的时间和空间。在追求中华民族伟大复兴"中国梦"的征程中，我国的全面小康社会即将实现，两个"一百年目标"，特别是党的十九大明确规划的 2035 年和 2050 年的奋斗目标，都非常明确地提出了生态文明的内容与要求。因此，习近平生态文明思想体现了科学理论尊重规律、揭示规律的性质与特点，是迈向高于工业文明的生态文明社会的航向灯塔。

## 四 习近平生态文明思想是当代生态文明建设与绿色发展的自然辩证法

习近平生态文明思想具有以下几个思维特点：

①人民主体性思维。"良好生态环境是最公平的公共产品，是最普惠的民生福祉""生态环境问题是利国利民利子孙后代的一项重要工作""为子孙后代留下天蓝、地绿、水清的生产生活环境"等重要论述，把党的宗旨与人民群众对良好生态环境的现实期待、对生态文明的美好憧憬紧密结合在一起。②辩证思维。"我们既要绿水青山，也要金山银山。宁要绿水青山，不要金山银山，而且绿水青山就是金山银山"，这些论述体现了经济发展与生态环境保护的辩证关系。③系统思维。"山水林田湖是一个生命共同体"，习近平同志深刻阐明了生态文明建设的系统性和复杂性。生态文明是人类为保护和建设美好生态环境而取得的物质成果、精神成果和制度成果的总和，是贯穿经济建设、政治建设、文化建设、社会建设全过程和各方面的系统工程，单独从某一个或几个方面推进，难以从根本上解决问题。④底线思维。"要牢固树立生态红线的观念""在生态环境保护问题上，就是要不能越雷池一步，否则就应该受到惩罚"。生态文明建设要以底线思维为指导，设定并严守资源消耗上限、环境质量底线、生态保护红线，将各类开发活动限制在资源环境承载能力之内。

## 五 推动人类社会发展的中国智慧与中国经验

在工业化的发展理念与发展方式中，实现人与自然和谐共生是一个世界性的难题，更是一个必须解决好的问题。相比而言，工业化程度不高，正处于工业化进程加速推进关键阶段的中国，更加重视将工业化与生态文明结合起来，开辟新型工业化道路。习近平总书记基于对马克思主义理论的深刻把握和对人类历史发展规律的深刻理解以及长期以来中国特色社会主义现代化建设的伟大实践，提出了社会主义生态文明观。党的十九大报告明确提出，要构建人类命运共同体，建设持久和平、普遍安全、共同繁荣、开放包容、清洁美丽的世界。这彰显出的习近平生态文明思想具有中国特色、战略眼光和世界价值。在世界的生态环境保护、气候变化等领域，习近平提出的生态文明思想得到了广泛响应，产生了重大影响；在世界生态文明理论体系中，这一思想正在形成自己的学术体系、学科体系和话语体系，彰显出独特的中国智慧和中国经验。

【知识链接】

## 大力宣传习近平生态文明思想　推动全民共同参与建设美丽中国

中华人民共和国生态环境部部长　李干杰

（2018 年 6 月 5 日，湖南长沙）

各位来宾，女士们、先生们、朋友们：

大家上午好！

今天，生态环境部、中央文明办、湖南省人民政府联合在长沙市隆重举办 2018 年"六五环境日"主场纪念活动。在此，我谨代表生态环境部，向中央文明办、湖南省委省政府、长沙市委市政府对举办本次活动的大力支持和积极参与表示衷心感谢！向与会嘉宾朋友表示诚挚欢迎！向长期以来关心、支持生态环境保护事业的社会各界人士和中外朋友们表示崇高敬意！

在我们许多人儿时的记忆里，故乡的天是蓝的，空中白云悠悠，夜晚繁星闪烁；故乡的水是清的，河里鱼虾成群，孩童嬉闹游乐；故乡的山是绿的，树木郁郁葱葱，林中百鸟欢歌。随着经济社会的飞速发展，高楼耸立、车辆川流，一段时间里许多美丽的色彩悄然淡出了我们的视线，那些动听的声音亦渐行渐远。值得欣慰的是，随着近年来生态环境保护力度不断加大，很多时候我们的天又蓝了、水清了、地绿了，鸟语花香的自然生态美景又回来了。

全国生态环境保护大会 5 月 18 日至 19 日在北京胜利召开。这次会议是在习近平总书记亲切关怀下，由党中央决定召开的，总书记出席会议并发表重要讲话；李克强总理在会上讲话；韩正副总理作会议总结。会议对全面加强生态环境保护，坚决打好污染防治攻坚战，作出了系统部署和安排。

这次大会是我国生态环境保护和生态文明建设发展历程中一次规格最高、规模最大、影响最广、意义最深的历史性盛会，实现了"四个第一"和形成了"一个标志性成果"，具有划时代的里程碑意义。党中央决定召开，是第一次；总书记出席大会并发表重要讲话，是第一次；以中共中央、国务院名义印发加强生态环境保护的重大政策性文件，是第一次；会议名称改为全国生态环境保护大会，是第一次。大会最大的亮点就是确立了习近平生态文明思想，这是标志性、创新性、战略性的重大理论成果，是新时代生态文明建设的根本遵循与最高准则，为推动生态文明建设、加强生态环境保护提供了思想指引和行动指南。

党的十八大以来，以习近平同志为核心的党中央把生态文明建设摆在治国理政的突出位置，开展了一系列根本性、开创性、长远性工作，深刻回答了为什么建设生态文明、建设什么样的生态文明、怎样建设生态文明的重大理论和实践问题，形成了习近平生态文明思想，成为习近平新时代中国特色社会主义思想的重要组成部分，引领生态环境保护取得历史性成就、发生历史性变革。

习近平生态文明思想的内涵十分丰富，集中体现在"八个观"：生态兴则文明兴、生态衰则文明衰的深邃历史观；坚持人与自然和谐共生的科学自然观；绿水青山就是金山银山的绿色发展观；良好生态环境是最普惠的民生福祉的基本民生观；山水林田湖草是生命共同体的整体系统观；用最严格制度保护生态环境的严密法治观；全社会共同建设美丽中国的全民行动观；共谋全球生态文明建设之路的共赢全球观。

当前和今后一个时期，生态环境宣传和舆论引导工作的核心任务，就是广泛深入宣传习近平生态文明思想和全国生态环境保护大会精神。一是大力宣传习近平生态文明思想和全国生态环境保护大会的重大现实意义、深远历史意义和鲜明世界意义。二是大力宣传对当前生态环境保护"三期叠加"的重大形势判断，进一步增强全社会保护生态环境的信心和决心。习近平总书记指出，生态文明建设和生态环境保护正处于压力叠加、负重前行的关键期，进入提供更多优质生态产品以满足人民日益增长的优美生态环境需要的攻坚期，到了有条件有能力解决生态环境突出问题的窗口期。三是大力宣传加快构建生态文明"五大体系"，进一步增强全社会推进生态文明建设的自觉性和主动性。习近平总书记强调，要加快建立健全以生态价值观念为准则的生态文化体系、以产业生态化和生态产业化为主体的生态经济体系、以改善生态环境质量为核心的目标责任体系、以治理体系和治理能力现代化为保障的生态文明制度体系、以生态系统良性循环和环境风险有效防控为重点的生态安全体系。四是大力宣传以习近平同志为核心的党中央坚决打好打胜污染防治攻坚战的重大决策部署，进一步凝聚社会共识和攻坚力量。坚决打好污染防治攻坚战的七场标志性战役，重中之重是打赢"蓝天保卫战"。同时，打好"碧水保卫战"、扎实推进"净土保卫战"，还老百姓蓝天白云、繁星闪烁、清水绿岸、鱼翔浅底、鸟语花香、田园风光的自然美景，使全面建成小康社会得到人民认可、经得起历史检验。五是大力宣传地方各级党委、政府及有关部门落实"党政同责""一岗双责"的务实举措和成效，不断增进人民群众对党和政府的信任和拥护。习近平总书记要求，全面加强党对生态环境保护的领导，地方各级党委和政府主要领导是本行政区域生态环境保护第一责任人，各相关部门要履行好生态环境保护职责，使各部门守土有责、守土尽责、分工协作、共同发力。六是大力宣传生态环境保护队伍的精神面貌，充分展现这支队伍拉得出、上得去、打得赢的"铁军"形象。习近平总书记强调，打好污染防治攻坚战是一场大仗、硬仗、苦仗，必须建设一支生态环境保护"铁军"，政治强、本领高、作风硬、敢担当，特别能吃苦、特别能战斗、特别能奉献，要求各级党委和政府关心、支持生态环境保护队伍建设，主动为敢干事、能干事的干部撑腰打气。

女士们、先生们、朋友们！

保护好生态环境离不开全社会的关心、参与和支持。长期以来，"六五环境日"对提升民众生态环境保护意识发挥了重要的促进作用。我们将今年"六五环境日"的主题确定为"美丽中国，我是行动者"，旨在进行广泛社会动员，推动从意识向意愿转变，从抱怨向行动转变，以行动促进认识提升，知行合一，从简约适度、绿色低碳生活方式做起，积极参与生态环境事务，同心同德，打好污染防治攻坚战，在全社会形成人人、事事、时时崇尚生态文明的社会氛围，让"美丽中国"建设深入人心，让"绿水青山就是金山银山"的理念得到深入认识和实践，结出丰硕成果。

希望人人都成为环境保护的关注者。积极关注生态环境政策，为政府建言献策、贡献智慧。常言道，高手在民间。我们要经常邀请一些长期活跃在生态环境保护领域的社会组织代表、公众意见领袖参加座谈、调研，召开新闻发布会，为生态环境保护工作出谋划策。我们欢迎社会各界人士和广大网友继续献计献策，集全民智慧，不断改进生态环境保护工作。

希望人人都成为环境问题的监督者。发现生态破坏和环境污染行为时及时劝阻、制止或向"12369"平台举报。生态环保队伍的人员是有限的，但是群众的力量是无穷的。中央环保督察"回头看"行动正在多地展开，我们鼓励广大人民群众积极提供线索，成为发现生态环境问题的"耳目"。我们愿为群众代言，坚决捍卫群众的生态环境权益。

希望人人都成为生态文明的推动者。积极传播生态环境保护知识和生态文明理念，参与环保公益活动和志愿服务，传递环保正能量，使生态道德和生态文化得到弘扬。一会儿，我们将揭晓"2016—2017年绿色中国年度人物"，表彰一批为生态环境保护事业作出突出贡献的个人和组织。他们身上闪烁着中华传统道德文化的光辉，愿他们的先进事迹能感染和影响更多的人投身生态环境保护事业。

希望人人都成为绿色生活的践行者。从我做起，从身边的小事做起，拒绝铺张浪费和奢侈消费，自觉践行简约适度、绿色低碳的生活方式。今天上午我们将现场发布《公民生态环境行为规范（试行）》，在全国范围启动"美丽中国，我是行动者"主题实践活动，每一位公民少用一度电、节约一滴水、少开一天车、分类投放垃圾，都是有效的环保行动。勿以善小而不为。点点滴滴和涓涓细流，终将汇聚成生态环境保护的巨大能量。

女士们、先生们、朋友们！

随着习近平生态文明思想不断深入人心，随着生态文明建设实践不断深入推进，随着越来越多人加入我们，我们坚信，中国的生态环境保护事业必将快速发展壮大，天蓝、水清、地绿的"美丽中国"必将实现！

最后，预祝本次活动取得圆满成功！

谢谢大家！

（李干杰．大力宣传习近平生态文明思想　推动全民共同参与建设美丽中国. c. 360webcache.com，2019-03-05.）

### 思考题

1. 习近平生态文明思想的地位是什么？
2. 简介习近平生态文明思想的丰富内涵。
3. 简介习近平生态文明思想的时代价值。

# 第三章　新时代生态文明建设的基本任务

## 第一节　坚持人与自然和谐共生

### 一　坚持人与自然和谐共生的理论基础与重要意义

#### （一）坚持人与自然和谐共生理论的提出

当今世界，无论是在社会发展、环境保护方面，还是在政治、经济方面，都正面临着何去何从的历史选择，迫切需要一种合理的发展理念，以便能够指导人类社会走出发展困境。

习近平立足于生态文明建设的要义，在党的十九大报告中明确指出，要坚持人与自然和谐共生。这不仅为我国新时代生态文明建设指明了方向，成为我国新时代生态文明建设的一项基本任务，也回应了当今国际社会普遍关切的重大问题，对人类与世界何去何从的问题给出了积极的应对方案，既关乎中国人的命运，也关乎世界的命运。生态文明的核心就是坚持人与自然和谐共生。这表明各项发展必须以人与自然和谐共生为基本前提，同时，坚持人与自然和谐共生，不是不发展、不作为，而是要高质量的绿色发展。

坚持人与自然和谐共生，是全人类的共同心声，是国际社会的共同愿望。当前，中国越来越接近世界舞台的中央，越来越多的国家希望中国能够为解决事关人类发展与安全的重大问题发挥更大作用。坚持人与自然和谐共生，加快构筑尊崇自然、绿色发展的全球生态体系，成为全球生态文明建设的重要参与者、贡献者、引领者，与世界各国共同应对全球环境挑战，实现世界的可持续发展和人的全面发展，将进一步彰显中国的大国责任担当，增强中国在全球环境治理体系中的话语权和影响力。

#### （二）坚持人与自然和谐共生理论的基础

**1. 人与自然的辩证关系**

人类发展活动的规律，是与尊重自然、顺应自然、保护自然密不可分的，这个规律谁也无法抗拒。人因自然而生，人与自然是一种共生关系，对自然的伤害最终会伤及人类自身。我们要建设的生态文明，是同社会主义紧密联系在一起的，两者内在统一、相互促进。坚持和发展中国特色社会主义，必须坚持人与自然和谐共生，注重处理好发展过程中人与自然的关系，持之以恒地建设人与自然和谐共生的现代化。

### 2. 马克思的对象性关系理论

马克思认为，人与自然不是决然分离的，更不是孤悬对峙的，而是彼此依赖的，呈现出对象性的关系。对象性关系，是指人与自然互为对象、各自通过自己的生存状况和发展态势来表现和确证对方的存在价值、生命意义和本质力量的一种普遍而必然的关系。马克思强调，人是"类"存在物，不是孤独的异在。人是自然存在物，自然界是人的无机的身体。同时，自然界作为人的欲望的对象，是"不依赖于他的对象而存在于他之外的；但是，这些对象是他的需要的对象，是表现和确证他的本质力量所不可缺少的、重要的对象"。可见，现实中真实存在着的人与自然，一定是对象性的存在物，以"类"、以"生命共同体"的方式存在着，二者之间一定是相互影响、相互作用的。

### 3. 生态学的"共生理论"

生态学的"共生理论"告诉我们，"和谐共生"是自然界包括人类在内的所有生物共生互帮、需求互补、协同进化、美美与共的生存本能的反映和需普遍遵守的生存法则。现在，生物进化中的一项共识被越来越多的人所接受，那就是生物进化离不开竞争，但更需要共生帮衬，"抱团取暖"以适应严酷的自然环境。因此，生物之间一定会形成相互影响、相互制约、共生同在、协助同进的共生关系。人与自然具有和谐共生的关系，与二者之间存在着的两种至关重要的关系相关：第一是根源关系，人类在进化上与自然界的生命物种有着同源性，人类是由共同的生命祖先在进化过程中演变而来的，人类存在着与其他生命物种相似程度不一的基因；第二是生态关系，人类与其他生命具有千丝万缕的联系，人类若是离开了一切生命共同形成的生物圈，是不可能长期生存下去的。尽管人类是大自然的"杰作"，但也是自然进化的产物，是必须依赖于其他生命才能生存的物种。正是有了"共生理论"的支撑，我们才坚信"人与自然是生命共同体"。

### 4. 中国古代生态哲学

"坚持人与自然和谐共生"理念，有中国古代生态哲学的思想渊源。儒家和道家思想构成中国古代生态哲学的重要内容，这些思想的实质都是努力追求人与自然和谐共生。儒家生态哲学以"人"为本位，主张"天人合一"和"生生不息"，强调人与自然是一个整体，天、地、人三者互惠共生。张载提出的"民胞物与"和"仁者以天地万物为一体"思想，是对人与自然的根源关系和依赖情感最深切的体认和表达。人与人的关系是同胞关系，人与自然的关系是伙伴关系。人既是社会共同体的成员，也是自然共同体的成员。因此，我们既要以同胞关系待人，又要以伙伴关系待物，在"爱人"与"爱物"中达到人与自然的和谐共生。道家生态哲学以"自然"为本位，主张"道法自然"和"万物一体"，强调顺应自然、自然而然。老子"人法地，地法天，天法道，道法自然"的思想，是对人与自然和谐共生关系最精妙的概括。庄子提出"齐物"思想，"齐物"即"天地与我并生，万物与我齐一"，既强调人与万物平等，也强调人与万物和谐共处。

## （三）坚持人与自然和谐共生的重要意义

坚持人与自然和谐共生是新时代生态文明建设的主体，为我国生态文明建设指明了方向，是新时代生态文明建设的一项基本任务。深刻认识与把握坚持人与自然和谐共生的价值要义，对于满足人民群众日益增长的美好生活需要、形成人与自然和谐共生的现代化，具有重大的理论意义和现实意义。

**1. 坚持人与自然和谐共生是破解新时代中国社会主要矛盾的有效方略**

当前，我国社会主要矛盾已经转化为人民日益增长的美好生活需要和不平衡不充分的发展之间的矛盾，美好的生态环境与和谐的生活方式是美好生活的应有之义。这就要求我们着力解决好生态文明建设中发展不平衡不充分的问题，大力提升生态发展质量和建设效益，把良好的生态环境作为公共产品供给和基本服务保障的重要方面，推动形成人与自然和谐发展及现代化建设的新格局。

**2. 坚持人与自然和谐共生体现了共产党人在生态问题上的初心和使命**

中国共产党人的初心和使命就是为中国人民谋幸福、为中华民族谋复兴。习近平在党的十九大报告中明确指出，要把人民对美好生活的向往作为奋斗目标。随着人民生活水平的不断提高，人民群众对生态要求越来越高，生态环境满意度在人民群众生活幸福指数中的地位不断凸显。扭转生态环境恶化局势、提高生活质量，成为人民群众对美好生活的热切期盼。坚持人与自然和谐共生，是共产党人在生态问题上不忘初心、牢记使命的体现，是共产党人在新时代把人民对美好生活的向往作为宗旨与目标的现实把握。

**3. 坚持人与自然和谐共生反映了中国推进全球生态文明建设的大国担当**

习近平在党的十九大报告中提出，生态文明建设功在当代、利在千秋，要为保护生态环境作出我们这代人的努力，为全球生态安全作出贡献。这是中国积极响应国际发展潮流作出的庄严承诺，表明中国将与各国携手推进全球生态文明建设，自觉肩负起对全球生态安全应有的历史责任，彰显了中国对全球生态文明建设的大国情怀和责任担当。

# 二 坚持人与自然和谐共生的内涵

## （一）坚持人与自然和谐共生是对马克思主义生态观的继承和发展

坚持人与自然和谐共生的理念拓展了马克思主义生态观的视域，是对马克思主义生态观的继承和发展。马克思主义认为，作为自然的一部分，人在实践中形成人与人之间的社会关系并通过实践不断改造自然以满足社会需求，真正实现人的自由全面发展。在马克思的分析中，自然界"是我们人类赖以生存的基础"，经济循环与物质变换、生态循环紧密联系，物质变换与人类和自然之间相互作用。马克思主义生态观以辩证与实践的自然观为基础，坚持了唯物主义基本立场，回答了人与自然之间如何协调发展的问题。坚持人与自然和谐共生，要致力于实现人与自然关系以及人与人关系的和谐发展，追求经济、社会与环境的和谐发展，目标是实现绿色发展、循环发展、低碳发展。这标志着中国特色社会主义生态文明理论的逐渐完善和系统化，是对马克思主义生态观的继承与发展，是马克思主义生态观在当代中国的最新发展成果。

## （二）坚持人与自然和谐共生是中国传统生态观的创新发展

中华民族优秀文化传统中积淀着深厚的生态哲学。无论是儒家的"天人合一"思想，还是道家的"道法自然"思想、佛家的"众生平等"思想，无不关切天人关系、注重人与自然和谐共生。在中国传统生态观中，人与天地万物被看成和谐统一的整体，万物生存发展有其本质规律，天地自然是人类赖以生存的条件。党的十九大报告提出，建设生态文明是中华民族永续发展的千年大计，要坚持节约资源和保护环境的基本国策。这是对中华传统优秀文化的吸收与借鉴，并力求实现创造性转化、创新性发展，赋予中国传统生态观新的时代内容。这也要求我们必须顺应自然发展、尊重自然规律，把人与自然和谐共生融入经济、政治、文化、社会发展的方方面面，成为行动自觉和生活方式，从而实现人类与自然真正的和谐共生。

## 三　坚持人与自然和谐共生的途径

### （一）牢固树立绿色发展理念

党的十九大报告提出，到 2035 年要达到"生态环境根本好转，美丽中国目标基本实现"的目标，到 21 世纪中叶要把我国建成富强、民主、文明、和谐、美丽的社会主义现代化强国。这为未来我们国家生态文明建设和绿色低碳发展指明了方向，确定了"时间表""任务书""路线图"。绿色发展理念要求我们必须树立和践行"绿水青山就是金山银山"的理念，坚持节约资源和保护环境的基本国策，实行最严格的生态环境保护制度，形成绿色发展方式和生活方式，坚定地走生产发展、生活富裕、生态良好的文明发展道路，实现人与自然和谐关系的永续发展。

### （二）加快建立生态文明制度体系

当前我国生态环境保护中存在的一些突出问题，大多与体制不完善、机制不健全以及法治不完备等因素相关。加快生态文明制度建设成为当前最为紧迫的任务，必须实行最严格的制度、最严密的法治，进一步加快生态文明体制改革，建立科学完备的制度体系，为生态文明建设提供可靠保障。在宏观战略方面，搞好制度体系顶层设计，着力在治气、净水、护绿等重点层面下功夫；在制度设计层面，不断健全生态文明建设的相关法律法规和考评制度，完善节能减排目标责任考核及问责制度；在具体实践层面，把最严格的生态环境保护制度落到实处，为建设人与自然和谐共生的现代化提供有力保障。只有把制度建设作为重中之重，着力破除制约生态文明建设的体制机制障碍，实施最严格的制度，才能推动生态文明不断走向新时代。

### （三）坚持问题导向有的放矢

坚持人与自然和谐共生、推进生态文明建设不是一句空口白话，需要我们在实践中坚持以问题为导向，共同努力、齐心建设。我们要着力解决当前面临的突出的环境问题。比如，如何坚持全民共治、源头防治，持续实施大气污染防治行动，打赢"蓝天保卫战"；如何加快水污染防治，实施流域环境和近岸海域综合治理等。这些突出问题都需要在实践中统筹把握，进行综合治理。

## 第二节　建设生态文明是中华民族
## 永续发展的千年大计

### 一　建设生态文明是中华民族永续发展的千年大计的意义

习近平在党的十九大报告中指出，建设生态文明是中华民族永续发展的千年大计。这一重要论述为我国新时代生态文明建设指明了方向，成为我国新时代生态文明建设的一项基本任务。"建设生态文明是中华民族永续发展的千年大计"，深刻揭示了生态文明建设的重大意义，彰显了中国共产党以人民为中心的发展思想和实现中华民族永续发展的历史担当，充分体现了以习近平同志为核心的党中央对生态文明建设的高度重视，对生态文明建设地位的准确把握。中国特色社会主义进入新时代，建设生态文明和"美丽中国"已经按下"快进键"，我们要牢固树立社会主义生态文明观，推动形成人与自然和谐发展的现代化建设新格局。

### 二　建设生态文明是中华民族永续发展的千年大计的内涵

**（一）建设生态文明是中华民族永续发展的千年大计，其核心是通过正确处理人与自然的关系来协调当代人的发展与后代人的发展之间的关系**

按照唯物辩证法，人与自然之间的关系既不是西方深层生态学所主张的绝对统一，也不是近代人类中心主义所主张的绝对对立。人与自然之间只能是既对立又统一、既能动又受动的关系，人与自然的和谐也只能是"和而不同"。正是这种对立统一，形成了人类的生产力，成为推动人类社会发展的最终决定力量。马克思说："人直接地是自然存在物。人作为自然存在物，而且作为有生命的自然存在物，一方面具有自然力、生命力，是能动的自然存在物；这些力量作为天赋和才能、作为欲望存在于人身上；另一方面，人作为自然的、肉体的、感性的、对象性的存在物，和动植物一样，是受动的、受制约的和受限制的存在物。"坚持人与自然对立统一的辩证法，就能既保证当代人的发展权又保证后代人的发展权，实现中华民族的永续发展。

**（二）建设生态文明是中华民族永续发展的千年大计，体现了马克思主义认识论不断实践的观点，体现了唯物辩证法的全面发展和永恒发展原则**

从永恒发展和不断实践的维度看，"建设生态文明是中华民族永续发展的千年大计"既肯定了当代人的发展权，也肯定了后代人的发展权。从普遍联系的观点看，"建设生态文明是中华民族永续发展的千年大计"充分体现了"全面发展"的理念，表现为以下几点：第一，人民对美好生活的物质需要和环境需要相统一。从党的十九大报告对中国特色社会主义进入新时代社会主要矛盾的定位来看，人民对美好生活的需要包括对美好环境的需要，因此，"既要创造更多物质财富和精神财富以满足人民日益增长的美好生活需要，也要提供更多优质生态产品以满足人民日益增长的优美生态环境需要"。物质需要与环境需要相统一，就是全面发展。第二，产业结构的战略性退却与战略性转移相统一。为了满足人民日益增长的美好生活需要，必须解决发展的不平衡问题，其中一个重要方面是"推进绿色发展，加快建立绿色生产和消费的法律制度和政策导向，建立健全绿色低碳循环发展的经济体系"。为此，在产业结构上，要"壮大节能环保产业、清洁生产产业、清洁能源产业"。壮大绿色产业，就意味着减少高能耗、高污染产业，对后者的战略性退却就是向前者的战略性转移，二者此消彼长，推动绿色发展。产业结构的战略性退却与战略性转移相统一，就是全面发展。第三，消费方式上提倡节约资源与反对浪费相统一。党的十九大报告提出要"推进资源全面节约和循环利用""倡导简约适度、绿色低碳的生活方式，反对奢侈浪费和不合理消费"等。倡导节约就是反对浪费，两者统一就是全面发展。

## 三　建设生态文明是中华民族永续发展的千年大计的实现途径

### （一）坚持"绿水青山就是金山银山"的发展理念

"绿水青山就是金山银山"理念推动着中华民族永续发展。早在2005年，时任浙江省委书记的习近平在湖州市安吉县就首次提出"绿水青山就是金山银山"的发展理念。2017年，"必须树立和践行绿水青山就是金山银山的理念"被写进党的十九大报告；"增强绿水青山就是金山银山的意识"被写进新修订的《中国共产党章程》。"绿水青山就是金山银山"的理念，深刻体现了中国共产党执政理念上以人民为中心、不断满足人民对美好生活的需要的价值取向。习近平指出，生态文明建设事关中华民族永续发展。党的十八大以来，以习近平同志为核心的党中央始终坚持人民的主体地位，把人民对美好生活的向往作为自己的奋斗目标，把生态文明建设纳入中国特色社会主义事业总体布局，旗帜鲜明地提出建设生态文明是中华民族永续发展的千年大计，把推进生态文明建设，实现中华民族永续发展，作为党的神圣使命，作为党对人民的庄严承诺。习近平指出，"绿水青山就是金山银山，阐述了经济发展和生态环境保护的关系，揭示了保护生态环境就是保护生产力、改善生态环境就是发展生产力的道理，指明了实现发展和保护协同共生的新路径"。只有在"绿水青山就是金山银山"理念指导下的实践，才能实现经济发展与生态环境保护有机统一的绿色发展，才能增强我们走生产发展、生活富裕、生态良好的文明发展道路的信心，才能实现中华民族永续发展。

### （二）坚持人与自然和谐共生的发展道路

习近平指出，生态兴则文明兴，生态衰则文明衰。生态文明是人与自然和谐共生的反映，体现了一个国家的发展程度和文明程度。中国共产党是世界上第一个把生态文明建设作为行动纲领的执政党。2018年5月4日，习近平在纪念马克思诞辰200周年大会上指出，"自然是生命之母，人与自然是生命共同体，人类必须敬畏自然、尊重自然、顺应自然、保护自然"。我们要建设的生态文明，是同社会主义紧密联系在一起的，两者内在统一、相互促进。坚持和发展中国特色社会主义，必须坚持人与自然和谐共生，协同推进人民富裕、国家富强、中国美丽。

## （三）形成绿色发展方式和生活方式

当前，生态文明建设正处于压力叠加、负重前行的关键期。加快形成绿色发展方式和生活方式，是针对这个"关键期"存在的短板采取的有效举措，有利于形成内生动力机制，为建设"美丽中国"注入绿色新动能。2019 年，习近平在北京市城市副中心考察时指出，"要增加清洁能源供应，调整能源消费结构，持之以恒推进京津冀地区生态建设，加快形成节约资源和保护环境的空间格局、产业结构、生产方式、生活方式"。推动形成绿色发展方式和生活方式，体现出既求发展也求绿色、既要增长也要品质的价值追求，呈现出战略地位高、系统性强、变革程度深的主要特征。推动形成绿色发展方式和生活方式，是一项复杂的系统工程，需要持续发力、久久为功。既要不断强化绿色生产，增加绿色产品和服务供给进而引导民众绿色消费，也要通过生活方式的绿色转变倒逼生产方式的绿色转型，还要大力培育和践行绿色文化，凝聚起推动绿色发展的强大合力。总结为两点：第一，形成绿色发展方式。加快构建以产业生态化和生态产业化为主体的生态经济体系，大力推动能源供给革命。第二，形成绿色生活方式。一方面，积极开展创建节约型机关和绿色家庭、绿色学校、绿色社区等活动，促进人们在衣食住行游中形成绿色生活消费习惯；另一方面，完善公众参与制度，健全举报、听证、舆论和公众监督等机制，构建全民参与的社会行动体系。

## （四）统筹山水林田湖草系统治理

统筹山水林田湖草系统治理，是新时代推进生态文明建设实现中华民族永续发展千年大计的重要途径。习近平指出，"山水林田湖草是生命共同体""这个生命共同体是人类生存发展的物质基础"。党的十八大以来，习近平总书记从生态文明建设的宏观视野，提出并不断阐述"山水林田湖草是一个生命共同体"的理念和思想，为如何系统推进生态文明建设提供了根本指引。2018 年，习近平视察广东省时指出，要深入抓好生态文明建设，统筹山水林田湖草系统治理。这是习近平总书记对如何坚持人与自然和谐共生、加快推进生态文明建设的新要求。当前，建设生态文明就要按照生态系统的整体性、系统性及其内在规律，统筹考虑自然生态各要素，采用从整体到部分的分析方法以及从部分再到整体的综合方法，把维护水源涵养、洪水调蓄、生物多样性保护等生态功能作为核心，突出主导功能提升和主要问题解决，维护区域生态安全、确保生态产品供给和生态服务价值的持续增长。

## （五）实行最严格的生态环境保护制度

建设生态文明，是一场涉及生产方式、生活方式、思维方式和价值观念的革命性变革。实现这样的变革，必须依靠制度和法治。习近平指出，"只有实行最严格的制度、最严密的法治，才能为生态文明建设提供可靠保障"。深化生态文明体制改革，必须构建产权清晰、多元参与、激励约束并重、系统完整的生态文明制度体系，把生态文明建设纳入法治化、制度化轨道，实行最严格的生态环境保护制度。具体体现在三个方面：第一，完善经济社会发展考核评价体系。把资源消耗、环境损害、生态效益等体现生态文明建设状况的指标纳入经济社会发展评价体系，建立体现生态文明要求的目标体系、考核办法、奖惩机制，使之成为推进生态文明建设的重要导向和约束。第二，建立责任追究制度。建立环保督察工作机制，严格落实环境保护主体责任，完善领导干部目标责任考核制度。坚持依法依规、客观公正、科学认定、权责一致、终身追究的原则，针对决策、执行、监管中的责任，明确各级领导干部的责任追究情形。第三，建立健全资源生态环境管理制度。建立归属清晰、权责明确、监管有效的自然资源资产产权制度。完善生态环境监测网络，通过全面设点、全国联网、自动预警、依法追责，形成政府主导、部门协同、社会参与、公众监督的新格局，为环境保护提供科学依据。加强生态文明宣传教育，增强全民节约意识、环保意识、生态意识，营造爱护生态环境的良好风气。

## 第三节 树立和践行"绿水青山就是金山银山"的理念，坚持节约资源和保护环境的基本国策

### 一 树立和践行"绿水青山就是金山银山"的理念

#### （一）"绿水青山就是金山银山"理念的提出

"绿水青山就是金山银山"是习近平关于生态文明建设最著名的科学论断之一。党的十八大以来，习近平在不同场合，反复强调和论述"绿水青山就是金山银山"的理念，从理论和实践层面科学、完整地回答了"绿水青山"何以就是"金山银山"，"两山论"何以成为统筹经济发展与环境保护两者关系的科学论断，又何以成为当代中国做全球生态文明建设的重要参与者、贡献者、引领者的哲学社会科学话语体系。在党的十九大报告中，习近平指出"必须树立和践行绿水青山就是金山银山的理念"，这为新时代生态文明建设指明了方向，明确了任务。

#### （二）"绿水青山就是金山银山"理念的内涵

"绿水青山就是金山银山"的理念，打破了经济发展与生态环境保护相对立的传统思维，深刻阐明了"保护生态环境就是保护生产力，改善生态环境就是发展生产力"，深化了对经济社会发展规律和自然生态规律的认识，具有深刻的理论内涵和实践逻辑，为我国生态文明建设和绿色发展指明了方向。

**1. "绿水青山就是金山银山"**

"绿水青山就是金山银山"，是社会主义生态文明观的核心价值理念。在现代经济发展进程中，生态优势已成为一个国家和地区综合竞争力的重要组成部分。一个地区的生态环境越好，对技术、人才等要素的集聚能力就越强，就能更好地促进发展。从这个意义上来讲，"绿水青山就是金山银山"。就发展而言，把生态环境优势转化为生态农业、生态工

业、生态旅游等生态经济优势，是更高的境界。

**2. "既要绿水青山，也要金山银山"**

生态环境和经济社会发展相辅相成、不可偏废，要把生态优美和经济增长"双赢"作为发展的重要价值标准。离开经济发展抓环境保护，只要"绿水青山"不要"金山银山"，是缘木求鱼。脱离环境保护搞经济发展，只要"金山银山"不要"绿水青山"，是竭泽而渔。"绿水青山""金山银山"和谐共生、相得益彰，是中华民族永续发展的内在要求，也是中华民族在生产生活实践中得到验证的生存智慧。

**3. "宁要绿水青山，不要金山银山"**

"绿水青山"与"金山银山"是辩证的统一体，一旦二者发生选择冲突，必须把保护生态环境作为优先选择，决不能以牺牲环境为代价去换取一时的经济增长，决不能以牺牲后代人的幸福为代价换取当代人所谓的"富足"。恩格斯曾经提醒我们，"不要过分陶醉于我们人类对自然界的胜利。对于每一次这样的胜利，自然界都会对我们进行报复"。破坏了"绿水青山"，就是砸掉了"金饭碗"；留得住"绿水青山"，才能守住"聚宝盆"。因此，必须坚持生态优先、绿色发展。

## （三）树立和践行"绿水青山就是金山银山"理念的途径

**1. 树立"绿水青山就是金山银山"的理念**

新时代推进生态文明建设，必须引导全社会牢固树立"绿水青山就是金山银山"的理念，提高全民生态文明意识，努力形成"尊重自然、顺应自然、保护自然"的文化自觉。这主要有三点：第一，树立生态安全观。建设生态文明是中华民族永续发展的千年大计，是建成富强、民主、文明、和谐、美丽的社会主义现代化强国的重要衡量指标。随着我国经济社会的快速发展，生态环境质量下降与人民群众对美好生活的向往之间的矛盾日益突出。要解决这一矛盾，推进社会主义现代化建设，必须坚持生态优先，切实增强生态环境保护意识，树立生态环境安全观，建立健全以生态系统良性循环和环境风险有效防控为重点的生态安全体系，努力形成人与自然和谐共生的良好局面。第二，树立生态福利观。良好的生态环境是最公平的公共产品，是最普惠的民生福祉。随着生活水平的不断提升，广大人民群众对环境质量、健康水平的关注度越来越高。建设"美丽中国"，不仅能为广大人民群众提供丰富的、优质的生态产品，提高人民群众生活质量，而且能为经济社会健康发展提供重要支撑。第三，树立生态发展观。人与自然的关系是人类社会最基本的关系。自然界是人类社会存在、发展的前提和基础，人类可以通过社会实践活动有目的地利用自然改造自然，但不能凌驾于自然之上，必须尊重自然、顺应自然、保护自然。保护生态环境就是保护生产力，建设生态文明就是造福人类。

**2. 践行"绿水青山就是金山银山"的理念**

习近平在党的十九大报告中提出，必须坚持节约优先、保护优先、自然恢复为主的方针，形成节约资源和保护环境的空间格局、产业结构、生产方式、生活方式，还自然以宁静、和谐、美丽。贯彻这一要求，必须切实践行"绿水青山就是金山银山"的理念，推动形成人与自然和谐发展现代化建设新格局。贯彻这一理念主要有四点：第一，强化生态红线意识。明确生态红线就是生态安全的底线，是不能触摸的"高压线"，一旦触摸就要让越界者受到应有惩罚并付出巨大代价。第二，增强生态产品生产能力。实施生态资源休养生息政策，提高耕地、森林、湖泊、湿地等绿色资源的承载力。加大自然生态系统的保护力度，以减煤、治企、控车、降尘为重点，加强重点行业和重点区域的大气污染治理。第三，构建低碳高效的生态经济体系。以企业内部循环、企业间循环和社会循环为抓手，发展循环经济，推动产业生态化。扩大生态产品的生产和供给，推动生态要素向生产要素、生态优势向发展优势转变，发展绿色产业，推动生态产业化。第四，建立科学合理的考核评价体系。要破除"唯GDP（国内生产总值）论英雄"的观念，建立体现生态文明要求的考核评价体系。强化制度执行，对不顾生态环境擅自突破生态红线、越雷池者，要敢于追究、严于追究、终身追究，促使各级领导干部切实履行好保护生态环境的职责。

## 二　坚持节约资源和保护环境的基本国策

### （一）坚持节约资源和保护环境基本国策的提出

党中央提出"坚持节约资源和保护环境的基本国策"，是发展的需要，是增进人民福祉的需要，也是为全球生态安全作出的新贡献。

中国正在进行现代化建设，随着经济的发展和人口的增加，资源紧张与环境问题变得日益突出。中国政府的政策是希望在发展中用好资源与保护好环境。党中央提出的"坚持节约资源和保护环境的基本国策"，是在吸取了发达国家的经验和教训的基础上提出来的。发达国家一般都经历了"先污染后治理"的道路，付出了沉重的代价。与此同时，资源紧张与环境问题已超出国家界限，成为全球性的问题。中国的资源与环境问题也是全球性环境问题的一个组成部分，做好中国的节约资源和环境保护工作，是对解决全球资源紧张和环境问题的一个贡献，有着非常重大和深远的意义。

### （二）坚持节约资源和保护环境基本国策的内涵

坚持节约资源，是指通过对资源的合理配置、高效和循环利用、有效保护和替代，使经济社会发展与资源环境承载能力相适应，使污染物产生量最小化并使废弃物得到无害化处理，构建人与自然和谐共处的社会。具体包括三个方面：第一，确立节约资源的重要战略地位，将节约资源提升到基本国策的高度，将"节约资源，保护环境"作为我国新时代的基本国策，并以此为依据建立综合反映经济发展、社会进步、资源利用、环境保护等因素和体现绿色发展的指标体系，彻底改变片面追求GDP增长的行为。第二，尽快扭转高消耗、高污染的粗放型经济增长方式，逐步建立资源节约型的国民经济体系。通过技术进步改造传统产业和推动产业结构升级，尽快淘汰高能耗、高物耗、高污染的落后生产工艺，逐步形成有利于资源持续利用和环境保护的、合理的国际产业分工格局。第三，倡导资源节约型的消费方式，以资源节约型的产品满足人民群众的需要。在满足群众物质文化需求的同时，倡导适度、节俭、公平和绿色的可持续消费模式，尽可能减少对资源的依赖和对生态的破坏。

保护环境，是指人类有意识地保护自然资源并使其得到合理的利用，防止自然环境受到污染和破坏，对受到污染和破坏的环境做好综合治理，以创造出适合人类生活、工作的环境，协调人与自然的关系，让人们做到与自然和谐相处。生态环境是人类生存和发展的基本条件，是经济、社会发展的基础。保护好生态环境，实现绿色发展，是我国新时代生态文明建设必须坚持的一项基本国策。环境保护是关系到我国长远发展的全局性战略问题。我国人口众多，人均资源相对短缺，科技水平不高，经济技术基础比较薄弱，保护生态环境面临的任务十分艰巨。在经济社会发展中，我们必须努力做到投资少、消耗资源少而经济效益高、环境保护好。保护环境的实质就是保护生产力，环境意识和环境质量如何，是衡量一个国家和民族文明程度的重要标志。

### （三）坚持节约资源和保护环境基本国策的实现途径

#### 1. 树立节约资源理念

节约资源意味着价值观念、生产方式、生活方式、行为方式、消费模式等多方面的变革，它涉及各行各业，与每个企业、每个单位、每个家庭、每个人都有关系，需要全民积极参与。利用各种方式在全社会广泛培育节约资源意识，大力倡导珍惜资源、节约资源的风尚，明确确立和牢固树立节约资源理念，形成节约资源的社会共识和共同行动，全社会齐心合力共同建设资源节约型、环境友好型社会。

#### 2. 转变资源利用方式

资源是增加社会生产和改善居民生活的重要支撑，节约资源的目的并不是减少生产和降低居民消费水平，而是使生产相同数量的产品能够消耗更少的资源，或者用相同数量的资源能够生产更多的产品、创造更高的价值，使有限的资源能更好地满足人民群众物质文化生活需要。只有通过资源的高效利用，才能实现这个目标。因此，转变资源利用方式，推动资源高效利用，是节约利用资源的根本途径。要通过科技创新和技术进步深入挖掘资源利用效率，促进资源利用效率不断提升，大幅降低能源、水、土地等资源消耗的强度，真正实现资源高效利用，努力用最小的资源消耗支撑经济社会发展。

#### 3. 推动能源生产和消费革命

节约能源是节约资源的最重要组成部分，节约资源必然要求高度重视和加强能源节约。我国能源储量不足与经济社会发展对能源需求量巨大的客观现实，决定了在我国节约能源更加重要、更加必要、更加迫切。要节约资源和保护环境，就要树立大局观、长远观、整体观，必须坚持节约优先、保护优先、自然恢复为主的方针，把节约能源放在全面促进资源节约工作的突出位置，大力推动能源生产和消费革命，控制能源消费总量，加强节能降耗，支持节能低碳产业和新能源、可再生能源发展，形成节约资源和保护环境的空间格局、产业结构、生产方式、生活方式，还自然以宁静、和谐、美丽，确保国家的能源安全。

#### 4. 加强耕地、水、矿产等资源保护

完善最严格的耕地保护制度，严守耕地保护红线，严格土地用途管制，从严控制建设用地总规模，从严控制各类建设占用耕地，严格落实耕地占补平衡、先补后占，切实保护好耕地特别是基本农田，推进国土综合整治。完善最严格的水资源管理制度，加强水源地

保护和用水总量管理，加强用水总量控制和定额管理，制定和完善江河流域水量分配方案，推进水循环利用，建设节水型社会。加强对矿产资源的勘查、保护和合理开发，提高矿产资源勘查水平，强化对矿产资源特别是优势矿产资源和特定矿种的保护，提高矿产资源开采回采率、选矿回收率、综合利用率，加强对低品位、难选冶、共伴生矿资源的综合开发利用，鼓励矿山固体废弃物和尾矿资源利用，提高废弃物的资源化水平，提高矿产资源的合理开采与综合利用水平。

### 5. 发展循环经济

发展循环经济是节约资源的有效形式和重要途径。要按照减量化、再利用、资源化原则，注重从源头上减少进入生产和消费过程的物质量以及物品完成使用功能后将其变成再生资源，加强资源循环利用的技术研发，大力推进循环经济发展，促进生产、流通、消费过程的减量化、再利用、资源化，加快形成覆盖全社会的资源循环利用体系。

## 第四节　加快生态文明体制改革，建设美丽中国

### 一　加快生态文明体制改革

#### （一）加快生态文明体制改革的提出与意义

习近平在党的十九大报告中提出要加快生态文明体制改革，并对加快生态文明体制改革作出了部署。新时代，加快推进生态文明体制改革有着重要意义，具体来说有以下几点。

**1. 推进生态文明体制改革是解决新时代社会主要矛盾的必要条件**

新时代我国的社会主要矛盾是人民日益增长的美好生活需要和不平衡不充分的发展之间的矛盾。改革开放以来，我国经济飞速发展，人民群众的需求也经历了极大的变化，从最初的衣食住行需求的满足，到旅游、娱乐等服务需求的满足，再到如今对干净的水、清新的空气、安全的食品、优美的环境等需求，生态环境在群众生活幸福指数中的地位不断凸显，环境问题日益成为重要的民生问题。因此，只有大力推进生态文明体制改革，才能满足人民日益增长的美好生活需要。

**2. 推进生态文明体制改革是我国实现绿色发展的需要**

我国人口众多，可耗竭资源依赖度高、人均资源紧张、环境承载力较弱，经过几十年高速粗放式的发展，目前我国面临着严峻的环境污染、资源短缺和生态破坏问题。保护生态环境就是保护生产力，改善生态环境就是发展生产力。建设生态文明，要以资源环境承载容量为基础，以生态与经济共生为宗旨，建立可持续的产业结构、生产方式和消费模式。

**3. 推进生态文明体制改革是中国积极应对气候变化的重要举措**

我国承诺将继续引导应对气候变化的国际合作，中国是全球生态文明建设的重要参与

者、贡献者、引领者，未来我国将继续以对中华民族福祉和人类长远发展高度负责的态度，积极应对气候变化，并承担与中国发展阶段应负责任和实际能力相符的国际义务。

### （二）生态文明体制改革的理念与目标

**1. 生态文明体制改革的理念**

（1）树立尊重自然、顺应自然、保护自然的理念。生态文明建设不仅影响经济持续健康发展，也关系到政治和社会建设，必须将之放在突出地位，融入经济建设、政治建设、文化建设、社会建设各方面和全过程。

（2）树立发展和保护相统一的理念。坚持发展是硬道理的战略思想，发展必须是绿色发展、循环发展、低碳发展，平衡好发展和保护的关系，按照主体功能定位控制开发强度，调整空间结构，给子孙后代留下天蓝、地绿、水净的美好家园，实现发展与保护的内在统一、相互促进。

（3）树立"绿水青山就是金山银山"的理念。清新空气、清洁水源、美丽山川、肥沃土地、生物多样性是人类生存必需的生态环境，坚持发展是第一要务，必须保护森林、草原、河流、湖泊、湿地、海洋等自然生态。

（4）树立自然价值和自然资本的理念。自然生态是有价值的，保护自然就是增值自然价值和自然资本的过程，就是保护和发展生产力，就应得到合理回报和经济补偿。

（5）树立空间均衡的理念。把握人口、经济、资源环境的平衡点推动发展，人口规模、产业结构、增长速度不能超出当地水土资源的承载能力和环境容量。

（6）树立"山水林田湖是一个生命共同体"的理念。按照生态系统的整体性、系统性及其内在规律，统筹考虑自然生态各要素，山上山下、地上地下、陆地海洋以及流域上下游，进行整体保护、系统修复、综合治理，增强生态系统循环能力，维护生态平衡。

**2. 生态文明体制改革的目标**

生态文明体制改革的目标是，到 2020 年构建起由自然资源资产产权制度，国土空间开发保护制度，空间规划体系；资源总量管理和全面节约制度，资源有偿使用和生态补偿制度，环境治理体系、环境治理和生态保护市场体系、生态文明绩效评价考核和责任追究制度八项制度构成的产权清晰、多元参与、激励约束并重、系统完整的生态文明制度体系，推进生态文明领域国家治理体系和治理能力现代化，努力走向社会主义生态文明新时代。

### （三）推进生态文明体制改革的途径

为加快生态文明体制改革，党的十九大报告从推进绿色发展、着力解决突出环境问题、加大生态系统保护力度、改革生态环境监管体制等方面提出了明确要求。在全面建成小康社会决胜期，生态文明体制改革的途径主要体现在以下几个方面。

**1. 树立社会主义生态文明观**

我国的生态文明建设具有长期性和阶段性特征，转变经济结构及经济增长方式，形成人与自然和谐发展的经济生产和生活方式，还需一个较长的过程。习近平指出："生态文明建设功在当代、利在千秋。"我们要以习近平生态文明思想为指导，牢固树立社会主义生态文明观，推动形成人与自然和谐发展的现代化建设新格局，为保护生态环境作出我们这代人的努力。

**2. 补齐制度短板**

第一，建立绿色低碳循环发展的经济体系。针对目前推进绿色发展的制度和政策比较零散，还不足以形成系统推力，难以将生态文明要求全面融入经济社会发展全过程和各方面的现状，应加快建立绿色生产和消费的法律制度并出台相应政策，建立健全绿色低碳循环发展的经济体系。第二，形成一体化生态保护制度体系。在生态文明体制改革推进过程中，一些生态保护制度已融入国土空间管制和资源管理制度体系。随着改革的深入推进，应逐步形成山水林田湖草一体化生态保护制度体系，并与污染防治制度体系相衔接。第三，加快农村环境治理制度建设。当前农村环境治理制度建设的现状，与党的十九大对乡村振兴和农村环境保护的要求仍有较大差距，这就需要加大改革力度，加快改革进程，推进农村环境治理制度建设。

**3. 提升治理能力**

第一，健全行政体制或机构组织方式及职能体系。按照中央印发的《深化党和国家机构改革方案》的要求，贯彻落实生态文明建设机构职能体系的"三个统一"，即统一行使全民所有自然资源资产所有者职责、统一行使所有国土空间用途管制和生态保护修复职责、统一行使监管城乡各类污染排放和行政执法职责。第二，提高基层党委和政府对生态文明建设的专业认知水平与领导能力，以完全适应中央对生态文明建设的新要求。第三，在人员规模、专业化水平、技术装备等方面，加强环境保护等相关政府职能部门人员的队伍建设。

**4. 完善生态风险系统评价及预警制度**

在全球气候变化的大背景下，相较于事中和事后的干预和治理，对生态风险的系统评价及预警具有重要意义。我们应该根据实际情况进行脆弱性评价、恢复力测度、生态效率测度、生态承载力测度、生态足迹测度等，并设置相应的预警机制，做到未雨绸缪，及时发现问题并进行调整。

**5. 加强区域协调合作**

生态环境的各个方面诸如大气、河流、海洋、土地、矿藏、草原以及植被等资源，都存在着天然的跨区域特征，其污染及治理具有明显的外部性。因此，推进生态文明建设，必须加强跨区域合作治理，形成统筹协调的生态治理系统。

# 二、建设"美丽中国"

## （一）建设"美丽中国"的提出及其意义

习近平在党的十九大报告中提出要建设"美丽中国"，并对建设"美丽中国"作出了部署。新时代，建设"美丽中国"有着如下重要意义。

**1. 建设"美丽中国"是我们党对经济发展与资源环境关系问题所取得的最新理论成果**

第一，坚持人与自然和谐共生，是我们党在对社会主义现代化建设实践和认识的基础上，在深刻把握经济社会可持续发展规律、自然资源永续利用规律和生态环保规律的基础上，在经济快速发展而资源环境代价过大的严峻现实中，在破解人与自然日益突出的尖锐矛盾中，加以提炼和概括的最新理论成果，标志着我们党对中国特色社会主义建设规律认识达到了新的水平。第二，党的十九大报告指出，我国社会主要矛盾已经转化为人民日益增长的美好生活需要和不平衡不充分的发展之间的矛盾。作出这一判断的一部分原因，是在我国多年的经济高速发展过程中，发展不平衡不充分导致环境保护不力、生态环境破坏，人民群众对良好生态环境的需求得不到满足。只有把生态文明建设融入经济建设、政治建设、文化建设、社会建设全过程和各方面，才能更好地坚持和发展中国特色社会主义。

**2. 建设"美丽中国"为实现人与自然和谐共生提供了根本遵循和行动指南**

生态环境没有替代品，用之不觉，失之难存。要建设"美丽中国"应该做到以下几点：第一，树立大局观、长远观、整体观。正如党的十九大报告中所要求的那样，必须树立和践行"绿水青山就是金山银山"的理念，像对待生命一样对待生态环境，统筹山水林田湖草系统治理。高度重视自然环境的保护与优化，充分考虑资源环境承载力，统筹当前发展和未来发展的需要，既关注经济指标又关注资源环境指标，既积极实现当前任务又为未来发展创造有利条件。第二，实行最严格的生态环境保护制度。建设"美丽中国"重在建章立制，用最严格的制度、最严密的法治保护生态环境，健全自然资源资产管理体制，加强自然资源和生态环境监管，推进环境保护督察，落实生态环境损害赔偿制度，完善环境保护公众参与制度。同时，我们不仅要重"建"，更要重"管"，实行最严格的标准、最严格的监管、最严格的执法和最严格的追责，以改善环境质量为核心，不断加大对水、气、土的污染治理、污染物总量减排和农村环境整治的力度，切实保障环境安全，努力提供更多优质的生态产品以满足人民日益增长的优美生态环境需要。第三，形成绿色发展方式和生活方式。从发展模式来讲，摒弃损害甚至破坏生态环境的发展模式，摒弃以牺牲生态环境换取一时一地经济增长的做法；从生活方式来讲，倡导绿色消费，推广节约适度、绿色低碳、文明健康的消费模式。美丽中国建设不是某一个部门、某一个企业的事，每个人都应该做践行者、推动者，要形成全社会共同参与的良好风尚。

**3. 建设"美丽中国"是我们党为全球生态安全作出的重大贡献**

自古以来，"天人合一""道法自然"等强调人与自然和谐相处的观念与"数罟不入洿池""斧斤以时入山林"等尊重自然规律的行事法则就渗透在中华民族的思维观念中。中国传统的生态文明观念，既为中华民族生生不息、发展壮大提供了丰厚滋养，也为人类文明进步作出了独特贡献，是全世界共有的精神财富。从我国的发展道路来看，我们是在推进工业文明进程中建设"美丽中国"，坚持走以信息化带动工业化，以工业化促进信息化，科技含量高、经济效益好、资源消耗低、环境污染少、人力资源优势得到充分发挥的新型工业化道路，这既是中国生态文明建设的特色，也是对人类社会文明进程的有益尝试。从世界发展进程来看，我国的生态文明战略深刻把握了世界发展的绿色、循环、低碳新趋向，给世界上那些既希望加快发展又希望保持自身独立性的国家和民族提供了全新选择，为解决全人类的发展问题贡献了中国智慧和中国方案。

**4. 描绘了社会主义生态文明新时代的美好蓝图**

作为建设生态文明的一个具体目标，"美丽中国"顺应了人民群众追求美好生活的新期待。随着生活水平的不断提升，人民群众对环境质量、健康水平的关注度越来越高。当前，中国社会正步入一个特殊的环保敏感期，由环境问题引发的群体性事件不断增多，这些问题处理不好，就会影响经济发展、社会和谐。

## （二）建设"美丽中国"的内涵

建设"美丽中国"，凸显了党和政府的执政理念更加尊重自然和人民的感受，更加注重人与人、人与自然、人与社会、人与人自身的和谐发展。"美丽中国"的内涵有以下几点。

**1. 自然之美**

大自然是人类生存的依托，是人类永远的家园。大自然为我们提供了一切生存之必需，人类在自然中繁衍生长，大自然养育了人类、哺育了人类，也培养了人类对自然的依赖和依恋，人类从自然中培植了对自然的审美和美感。然而，自人类进入工业文明时代以来，随着科学技术的突飞猛进，人类不断地改造和征服自然，导致了人类对自然的过度开采，自然界对人类的严厉惩罚、报复以及严重的灾难性的后果，直接危害了人类生存和发展。建设"美丽中国"，是让人民群众在享有丰富物质文化生活的同时，通过大力加强生态文明建设，让我们的家园山更绿、水更清、天更蓝、空气更清新。

**2. 发展之美**

建设"美丽中国"充满亲切感，更加贴近基层、贴近普通群众，展现了温暖感人的人文之美、发展之美，拉近了党与人民群众之间的距离，透露出民生的温度和民意的期许。中央提出建设"美丽中国"，本质上是对生态文明提出了更高的要求并指明了进一步发展的方向，为中国特色社会主义全面发展和完善奠定了基础。建设"美丽中国"的基本要求是把生态文明建设放在突出地位，融入经济建设、政治建设、文化建设、社会建设的各方面和全过程，在尊重自然、顺应自然、保护自然的基础上建设和发展文明。只有做到了这一点，才能将中国特色社会主义建设推进到更完善、更完美的境界，将生态文明置于中国社会主义总体布局之中，就是要使中国特色社会主义建设遵循自然生态规律，更好、更科学地发展。

**3. 和谐之美**

建设"美丽中国"，首先倡导的是人与自然关系的和谐。人类应自觉做到珍惜资源、节约资源，取予有度，消费有节，以科学发展观为指导，建构人与自然和谐相处的伦理精神，真正实现人与自然的和谐相处，实现真正意义上的可持续发展。其次，强调的是人与人之间的和谐。这是指人与人要相互尊重、相互帮助、相互诚信、相互理解。构建和谐社会，实现小康社会，要求我们树立以人为本的社会共同价值观和求同存异、共处竞争的理念。我们必须在承认社会制度、意识形态、价值取向、经济模式、文化传统、民族特性等都具有多样性的基础上，大力倡导不同民族、不同地区、不同国家和社会组织以及不同的人与人之间相互尊重、平等对话，用和平和文明的方式处理分歧，在开放的、坦率的交往和长期的共存中进行公平、合作的竞争，以实现共同发展、共同进步、共同繁荣。只有这样，人与人之间才能达成更多的共识，才能营造稳定、和谐的社会环境，人与人之间的关系才能更加稳定与协调。最后，强调的是人与社会的和谐。人是社会的人，人不能离开社会。人与社会的关系能不能协调，是人类在生存与发展过程中面临的主要矛盾。建设"美丽中国"，既指出了绿色发展的具体方式，又指明了经济社会发展的美好愿景。使人与社会、与他人不再是相互矛盾的存在，而是有着内在的统一性，共同创造社会，成为有共同利益的联合体。

#### 4. 责任之美

建设"美丽中国"的目标是实现中华民族的永续发展。所谓永续发展，其基本含义是"既满足当代人的需要，又不对后代满足其需要的能力构成危害"的发展。因此，建设"美丽中国"，表明我们党对中国特色社会主义总体布局的认识深化了，也彰显了中华民族对子孙、对世界负责的精神。习近平曾指出，"在漫长的历史进程中，中国人民依靠自己的勤劳、勇敢、智慧，开创了各民族和睦相处的美好家园""我们的人民热爱生活""人民对美好生活的向往，就是我们奋斗的目标"。让人民过上幸福美好的生活，代表广大人民群众的根本利益，是新形势下党的使命和宗旨的新要求。

### （三）建设"美丽中国"的途径

#### 1. 推进绿色发展

绿色发展是以效率、和谐、持续为目标的经济增长和社会发展方式。它主要从节能减排及污染物治理的角度测度科技创新对绿色发展的作用，具体内容包括"万元地区生产总值水耗""万元地区生产总值能耗""城市污水处理率"以及"生活垃圾无害化处理率"等。建设"美丽中国"，推进绿色发展，就要加快建立绿色生产和消费的法律制度和政策导向，建立健全绿色低碳循环发展的经济体系；倡导简约适度、绿色低碳的生活方式，反对奢侈浪费和不合理消费，开展创建节约型机关、绿色家庭、绿色学校、绿色社区和绿色出行等行动。

#### 2. 着力解决突出环境问题

党的十八大以来，我国环境治理力度明显加大，环境状况得到改善。但总体上来看，长期快速发展中累积的资源和环境约束问题日益突出，生态环境保护仍然任重道远。建设"美丽中国"，要着力解决突出环境问题，为人民创造良好生产生活环境，要坚持全民共治、源头防治，持续实施大气污染防治行动，打赢"蓝天保卫战"；加快水污染防治，实施流域环境和近岸海域综合治理；强化土壤污染管控和修复，加强农业面源污染防治，开展农村人居环境整治行动；构建以政府为主导、以企业为主体、社会组织和公众共同参与的环境治理体系；积极参与全球环境治理，落实减排承诺。

#### 3. 加大生态系统保护力度

习近平在党的十九大报告中明确要求"加大生态系统保护力度"。党的十八大以来，我国生态文明建设明显加强，天然林资源保护、退牧还草、防护林体系建设、河湖与湿地保护修复等一批重大生态保护与修复工程稳步实施，生态安全状况有所改善。但是，我国生态系统退化的形势依然严峻：全国中度以上生态脆弱区域占陆地国土面积的55%，荒漠化和石漠化土地占国土面积近20%；森林系统低质化、森林结构纯林化、生态功能低效化趋势加剧；全国湿地面积近年来每年减少约510万亩，900多种脊椎动物、3700多种高等植物的生存受到威胁。加大生态系统保护力度，进一步遏制生态环境恶化的趋势，提升生态系统质量和稳定性，是不断满足人民日益增长的美好生活需要的迫切要求。建设"美丽中国"，加大生态系统保护力度，需要实施重要生态系统保护和修复重大工程，优化生态安全屏障体系，构建生态廊道和生物多样性保护网络，提升生态系统质量和稳定性。

**4. 改革生态环境监管体制**

改革生态环境监管体制，对解决我国面临的生态环境问题、实现生态环境治理能力现代化、促进环境经济社会协同发展具有重要意义。习近平在党的十九大报告中提出，要构建以政府为主导、企业为主体、社会组织和公众共同参与的环境治理体系。2018年，《中共中央国务院关于全面加强生态环境保护坚决打好污染防治攻坚战的意见》进一步明确了"改革完善生态环境治理体系"的要求，并从生态环境监管体系、生态环境保护经济政策体系、生态环境保护法治体系、生态环境保护能力保障体系和生态环境保护社会行动体系五个方面做出了具体部署。建设"美丽中国"，改革生态环境监管体制，要加强对生态文明建设的总体设计和组织领导，设立国有自然资源资产管理和自然生态监管机构，完善生态环境管理制度，统一行使全民所有自然资源资产所有者职责，统一行使所有国土空间用途管制和生态保护修复职责，统一行使监管城乡各类污染排放和行政执法职责。

📖 **知识链接**

## 保护生态环境　建设美丽中国

——学习贯彻习近平总书记在全国生态环境保护大会重要讲话

生态环境是关系党的使命宗旨的重大政治问题，也是关系民生的重大社会问题。习近平总书记在全国生态环境保护大会发表重要讲话，站在党和国家事业发展全局高度，全面总结党的十八大以来生态文明建设取得的重大成就，科学分析当前面临的任务和挑战，对新时代推进生态文明建设确立了重要原则、进行了具体部署。讲话展现了强烈使命担当、蕴含深厚民生情怀、具有宽广全球视野，发出了建设"美丽中国"的进军号令。

生态文明建设是关系到中华民族永续发展的根本大计。党的十八大以来，在以习近平同志为核心的党中央坚强领导下，我们开展了一系列根本性、开创性、长远性的工作，推动我国生态环境保护从认识到实践发生了历史性、转折性、全局性变化。当前，生态文明建设正处于压力叠加、负重前行的关键期，已进入提供更多优质生态产品以满足人民日益增长的优美生态环境需要的攻坚期，也到了有条件有能力解决生态环境突出问题的窗口期。"有智不如乘势"，把握新形势，解决新问题，完成新任务，我们就能回应广大群众的热切期盼，推动我国生态文明建设再上新台阶。

新时代推进生态文明建设，坚持"六项原则"是根本遵循。"六项原则"明确了人与自然和谐共生的基本方针、"绿水青山就是金山银山"的发展理念、良好生态环境是最普惠的民生福祉的宗旨精神、"山水林田湖草是生命共同体"的系统思想、用最严格的制度最严密的法治保护生态环境的坚定决心以及共谋全球生态文明建设的大国担当。这些重要论断构成了一个紧密联系、有机统一的思想体系，深刻揭示了经济发展和生态环境保护的关系，深化了对经济社会发展规律和自然生态规律的认识，为我们坚定不移地走生产发展、生活富裕、生态良好的文明发展道路指明了方向。

新时代推进生态文明建设，加快构建生态文明体系是制度保障。制度才能管根本、管长远。严格的制度、严密的法治，可以为生态文明建设提供可靠保障。要以生态价值观念为准则，以产业生态化和生态产业化为主体，以改善生态环境质量为核心，以治理体系和治理能力现代化为保障，以生态系统良性循环和环境风险有效防控为重点，加快建立健全生态文化体系、生态经济体系、目标责任体系、生态文明制度体系、生态安全体系，为确保到2035年"美丽中国"目标基本实现，到21世纪中叶建成"美丽中国"提供有力的制度保障。

新时代推进生态文明建设，全面推动绿色发展是治本之策。坚持绿色发展是发展观的一场深刻革命，是构建高质量现代化经济体系的必然要求，也是解决污染问题的根本之策。要围绕调整经济结构和能源结构等重点，培育壮大环保产业、循环经济，倡导绿色低碳生活方式；把解决突出生态环境问题作为民生优先领域，打赢"蓝天保卫战"这个重中之重；有效防范生态环境风险，提高环境治理水平，让良好生态环境成为人民生活的增长点、经济社会持续健康发展的支撑点和展现我国良好形象的发力点。

新时代推进生态文明建设，打好污染防治攻坚战是重点任务。污染防治攻坚战时间紧、任务重、难度大，是一场大仗、硬仗、苦仗，必须加强党的领导，各地区各部门坚决担负起生态文明建设的政治责任是关键。要建立科学合理的考核评价体系，对损害生态环境的领导干部终身追责，为敢干事、能干事的干部撑腰打气，建设一支生态环境保护"铁军"，守护好生态文明的"绿色长城"。

中华民族向来尊重自然、热爱自然，绵延5000多年的中华文明孕育着丰富的生态文化。我们要认真学习领会习近平生态文明思想，坚持绿色发展理念，持之以恒推进生态文明建设，把伟大祖国建设得更加美丽，为子孙后代留下天更蓝、山更绿、水更清的优美环境，这是我们的责任，也是对人类的贡献。

（新华社评论员：保护生态环境 建设美丽中国——学习贯彻习近平总书记在全国生态环境保护大会重要讲话. news. e23. cn，2018. 5. 20.）

## 思考题

1. 新时代生态文明建设的基本任务是什么？
2. 简介坚持人与自然和谐共生的发展道路。
3. 结合实际谈谈如何践行"绿水青山就是金山银山"的理念。

# 第四章  生态农业绿色发展

## 第一节  生态农业与传统农业

### 一、生态农业与传统农业的含义

生态农业是指在保护、改善农业生态环境的前提下，遵循生态学及生态经济学规律，运用系统工程方法和现代科学技术，集约化经营的农业发展模式。生态农业是一个农业生态经济复合系统，它将农业生态系统同农业经济系统综合统一起来，以取得最大的生态经济整体效益。它是将农、林、牧、副、渔各业综合起来的大农业，又是将农业生产、加工、销售综合起来，适应市场经济发展的，能获得较高的经济效益、生态效益和社会效益的现代化农业。

生态农业是在环境与经济协调发展思想的指导下，按照农业生态系统内物种共生、物质循环、能量多层次利用的生态学原理，因地制宜，将现代科学技术与传统农业技术相结合，充分发挥地区资源优势，依据经济发展水平及"整体、协调、循环、再生"原则，运用系统工程方法，全面规划，合理组织农业生产，实现农业高产优质高效持续发展，达到生态和经济两个系统的良性循环和"三个效益"统一的农业。

传统农业是在自然经济条件下，采用以人力、畜力、手工工具等为主的手工劳动方式，靠世代积累下来的传统经验发展，以自给自足的自然经济居主导地位的农业。传统农业的特点是精耕细作、农业部门结构较单一、生产规模较小、经营管理和生产技术较落后、抵御自然灾害能力差、农业生态系统功效低、商品经济较薄弱、基本上没有形成生产地域分工。中国是一个历史悠久的农业古国，历来注重精耕细作，大量施用有机肥，兴修农田水利发展灌溉，实行轮作、复种、种植豆科作物和绿肥作物以及农牧结合等。传统农业是由粗放经营逐步转向精耕细作，由完全放牧转向舍饲或放牧与舍饲相结合，利用改造自然的能力和生产力水平等均较原始农业大有提高的农业。其具有低能耗、低污染等特征，在当今时代依然发挥着重要作用。在发展现代农业的同时，仍需保持和发扬传统农业的优良特点，逐步走生态农业发展道路，建设优质、高产、低耗的农业生态系统，提高农业生产质量和水平。

生态农业最初只由个别生产者针对局部市场的需求而自发地生产某种产品，这些生产者组合成社团组织或协会。生态农业最早于1924年在欧洲兴起，20世纪三四十年代在瑞士、英国、日本等国得到发展。英国是较早进行有机农业试验和生产的国家之一。自20世纪30年代初英国农学家霍华德提出"有机农业"概念并组织试验和推广以来，有机农业在英国得到了广泛发展。在美国，替代农业的主要形式是有机农业，最早进行实践的是罗代尔，他于 1942 年创办了第一家有机农场。20 世纪 60 年代，欧洲的许多农场转向生态耕作；20 世纪 70 年代末，东南亚地区开始研究生态农业；至 20 世纪 90 年代，世界各国的生态农业均有了较大发展。

生态农业是以生态学理论为主导，运用系统工程方法，以合理利用农业自然资源和保护良好的生态环境为前提，因地制宜地规划、组织和进行农业生产的一种农业。生态农业利用物质在农业生态系统内部的循环利用和多次重复利用，以尽可能少的投入求得尽可能多的产出，并获得生产发展、能源再利用、生态环境保护和经济效益等相统一的综合性效果，使农业生产处于良性循环。生态农业不同于一般农业，它通过适量施用化肥和低毒高效农药等，突破传统农业的局限性，但又保持其精耕细作、施用有机肥、间作套种等优良传统。它既是有机农业与无机农业相结合的综合体，又是一个庞大的综合系统工程和高效的、复杂的人工生态系统以及先进的农业生产体系。

生态农业的生产以资源的永续利用和生态环境保护为重要前提，根据生物与环境相协调适应、物种优化组合、能量物质高效率运转、输入输出平衡等原理，运用系统工程方法，依靠现代科学技术和社会经济信息的输入组织生产。通过食物链网络化、农业废弃物资源化，充分发挥资源潜力和物种多样性优势，建立良性物质循环体系，促进农业持续稳定发展，实现经济、社会、生态效益的统一。建设生态农业，走可持续发展的道路，已成为世界各国农业发展的共同选择。

## 二、生态农业的重要特征

生态农业具有以下四个重要特征。

### （一）综合性

生态农业是以农、林、牧、副、渔等多成分、多层次相结合的复合农业系统，是以生态经济系统原理为指导建立起来的资源、环境、效率、效益兼顾的综合性农业生产体系。生态农业强调发挥农业生态系统的整体功能，以大农业为出发点，按"整体、协调、循环、再生"的原则，全面规划、调整和优化农业结构，使农、林、牧、副、渔各业和农村一、二、三产业综合发展，并使各业之间互相支持、相得益彰，提高综合生产能力。生态农业重视系统整体功能，对农业生态系统和生产经济系统内部各要素按生态和经济规律的要求进行调控，要求农、林、牧、副、渔各业组成综合经营体系，并要求各要素和子系统之间协调发展，包括生物与环境之间，生物物种之间，区域内的森林、农田、水域、草地等之间以及经济、技术与生物之间，相互有机配合，使整个农业经济体系得到协调发展。比如，中国在 20 世纪 70 年代实行粮、豆轮作，混种牧草，混合放牧，增施有机肥，采用生物防治，少耕免耕，减少化肥、农药、机械的投入等技术；20 世纪 80 年代创造了稻田养鱼、养萍、林粮、林果、林药间作的生态农业模式，农、林、牧结合，粮、桑、渔结合，种、养、加结合等复合生态系统模式，以及鸡粪喂猪、猪粪喂鱼等有机废物多级综合利用的模式。

## （二）高效性

生态农业与一般传统农业模式相比，具有结构复杂、功能强大、效果明显的特点。合理、优化的结构，必然产生强大、高效的功能。生态农业通过物质循环、能量多层次综合利用和系列化深加工，实现经济增值，实行废弃物资源化利用，降低农业成本，提高效益，为农村大量剩余劳动力创造了农业内部就业机会，保护了农民从事农业的积极性。在同等土地（耕地）面积上或同等资源利用条件下，由于资源利用率高、物质转化能力强，高效生态农业能生产出种类更多、数量更高、质量更优的农产品。农业生态系统结构、组成的多样性，能提高空间和光能利用率，并有利于物质和能量的多层次利用，增加生物生产量。物种的多样性可发挥天敌对有害生物的控制作用，使有害生物与天敌保持某种数量平衡，从而减少化学药剂的使用，降低生产成本，提高产品质量，提高整个系统的抗逆力，抵御不良条件的侵袭，并且能增强生态系统的自我调节能力，以维持整个体系的稳定性、产品的多样化，提高经济效益。生态农业生产过程中强调生物养地、生态减灾，强调节肥减药、清洁生产，因此，生态农业的生产过程实际上是农业生态环境的改善过程、优化过程。同时，发展生态农业需要采取一系列清洁生产的技术措施，以利于改善和优化生态环境。

## （三）多样性

生态农业针对各地自然条件、资源基础、经济与社会发展水平差异较大的情况，充分吸收传统农业精华，结合现代科学技术，以多种生态模式、生态工程和丰富多彩的技术类型装备农业生产，使各区域都能扬长避短，充分发挥地区优势，各产业都能根据社会需要与当地实际协调发展。生态农业通过对农村的自然—社会—经济复合生态系统结构进行改造和调整，并采取有效的措施，使水、热、光、气候与土壤等自然资源以及生产过程中的各种副产品和废弃物得到多层次、多途径的合理利用，减少化肥和农药的用量，逐步恢复和提高土壤的肥力，使水土得以保持，污染得到控制。因此，生态农业既合理地利用了自然资源，增加了物质财富和经济效益，也逐步提高了农村生态环境的质量。

## （四）持续性

生态农业是一种结构合理、功能强大的农业发展模式。生态农业不仅经济效益高，而且社会效益好、生态效益佳。生态农业生产出来的农产品不仅质量优，而且具有营养、保健作用。发展生态农业能够保护和改善生态环境，防治污染，维护生态平衡，提高农产品的安全性，变农业和农村经济的常规发展为持续发展，把环境建设同经济发展紧密结合起来，在最大限度地满足人们对农产品日益增长的需求的同时，提高生态系统的稳定性和持续性，增强农业发展后劲。因此，高效生态农业是一种综合效益好、深受国内外欢迎、可持续发展的新型现代农业发展模式。

# 第二节 生态农业模式类型

## 一 生态农业模式的含义

生态农业模式是一种在农业生产实践中形成的兼顾农业的经济效益、社会效益和生态效益，结构和功能得到优化的农业生态系统。为进一步促进生态农业的发展，2002 年农业农村部向全国征集了 370 种生态农业模式或技术体系，通过专家反复研讨，遴选出经过一定实践运行检验，具有代表性的十大类型生态模式，并正式将这十大类型生态模式作为今后一个时期农业农村部的重点任务加以推广。

这十大典型生态模式和配套技术是北方"四位一体"生态模式及配套技术、南方"猪—沼—果"生态模式及配套技术、平原农林牧复合生态模式及配套技术、草地生态恢复与持续利用生态模式及配套技术、生态种植模式及配套技术、生态畜牧业生产模式及配套技术、生态渔业模式及配套技术、丘陵山区小流域综合治理模式及配套技术、设施生态农业模式及配套技术、观光生态农业模式及配套技术。

中国工程院李文华院士组织国内近百位生态农业专家对中国生态农业的发展、原理、模式、技术、管理及区域生态农业等进行了全面、深入、系统的研究，认为生态农业模式主要有以下八类：农田间作、套作与轮作模式，农林复合系统生态农业模式，畜禽养殖生态农业模式，湿地系统生态农业模式，淡水湖泊系统生态农业模式，草地生态农业模式，以沼气为纽带的物质循环利用模式，水土保持型生态农业模式。

对于以沼气为纽带的物质循环利用模式，李文华院士指出，我国人口基数大，自然条件脆弱，地域分布不均，人口增加与资源稀缺性的矛盾日益突出。农业人口仍占我国人口总数的很大比例，农民问题是关系到国计民生的重大问题，农业依然是国民经济的基础。这种以沼气为纽带的物质循环利用的生态农业模式，有效地解决了农民生产、生活中遇到的各种问题，既能够增产增收，又解决了资源浪费和生态环境保护问题。应大力宣传以沼气为纽带的物质循环利用模式的优点，让农民朋友真切体会到该模式带来的财富，这样更多的人就会自发地选择应用该模式。同时，从全社会的角度来看农户的社会经济行为，可以发现沼气池的建设拥有巨大的生态效益和社会效益，体现在保持土壤、涵养水源、改善卫生环境，以及替代有可能引起污染的化肥和农药，更甚至是粮食安全等问题上。

## 二 典型的生态农业模式

生态农业实践中，人们认识到农业生产中生物与环境相互作用、生物与生物紧密关联、输入与输出相互影响，从而采取积极措施把原来分散操作的农业生态系统各组分重新组织成一个相互联系的整体，促进农业社会效益、经济效益和生态效益的协调发展。

### （一）景观层次的农业土地利用布局——景观模式

景观模式主要涉及一个区域或者一个流域范围土地的功能区划分，包括以下几点：

①在一个行政区域或者地理区域内对各农业生产项目、自然生态保护、旅游观光区、生活休闲区、工业加工区、交通运输线等进行面上的合理布局；②在一个流域实行水源保护、生物多样性保护、水利设施建设、坡地、平原、低洼地的农业高效利用的整体优化布局。

按照景观模式布局主要考虑的因素，又可将其分为五种模式：①生态安全模式，如为防治北方沙化或沿海台风侵袭的农田防护林带模式，为防治水土流失的各种坡地模式；②资源安全模式，如西北考虑到水资源短缺建立的集水农业模式、为保护生物多样性的自然保护区建立的串联设置模式、水源林的乔灌草结合模式等；③环境安全模式，如各种污染源阻断模式；④产业优化模式，如流域布局的"山顶戴帽、果树缠腰、平原高产、洼地鱼虾"模式；⑤环境美化模式等。

当前，休闲观光型生态农业的发展呈现出以下特点：①功能多。休闲观光型生态农业，不仅可为旅游者提供观光、采果、体验农作、了解农民生活、享受乡土情趣的机会，还可以提供住宿、度假、游乐等服务。②模式多。综观国内外现有的休闲观光型生态农业，可以看出至少有以下几种典型模式，如观光农园型、农业公园型、教育农园型、采摘体验型、娱乐享受型、综合配套型等，每种模式均有其特色、价值和效益。③发展快。近年来，休闲观光型高效生态农业发展速度非常快，尤其是在发达国家和经济发达地区，去实际"参观""体验"休闲观光型高效生态农业的人员越来越多，休闲观光型高效生态农业的效益剧增，发展前景被看好。

### （二）生态系统层面的农业生态系统组分能物流联结——循环模式

循环模式主要涉及农业生态系统水平的能量和物质流动方式，实现物质的循环利用。根据循环系统的范围，循环模式可分为：①农田循环模式，如秸秆还田模式；②农牧循环模式，如"猪—沼—果"模式；③农村循环模式，如生活废物循环模式；④城乡循环模式，如工业废物循环模式、城市垃圾循环模式；⑤全球循环模式，如碳汇林建造模式等。

桑蚕鱼塘体系是比较典型的水陆交换生产系统，也是我国南方各省农村比较多见且行之有效的生产体系。桑树通过光合作用生成有机物质桑叶，桑叶喂蚕，蚕生产蚕茧和蚕丝。将桑树的凋落物、桑椹和蚕沙施撒入鱼塘，经过池塘内另一食物链过程，转化为鱼体等水生生物，鱼类等的排泄物及其他未被利用的有机物和底泥，其中一部分经过底栖生物的消化、分解，取出后可作混合肥料，返回桑基，培育桑树。人们可以从该体系中获得蚕丝及其制成品、食品、鱼类等水生生物以及沼气等物质，在经济上和保护农业生态环境上都大有好处。

### （三）群落层面的生物种群结构——立体模式

立体模式主要涉及在一个生物群落中通过安置生态位互补的生物，提高辐射、养分、积温、水分等资源的利用率，形成有效抵御病、虫、草等生物逆境和水、旱、热等物理逆境的互利关系。立体模式可以根据开展生态农业建设的土地资源类型分为以下几种：①山地丘陵立体模式，如乔灌草结合的植被恢复模式、果草间作模式、橡胶和茶叶间作模式等；②农田平原立体模式，包括农田的轮间套作模式，如泡桐和小麦间作模式、玉米和大豆间作模式等；③水体立体模式，如上中下层水产品种的混养模式；④草原立体模式，如不同类型饲料植物的混种以及不同食性家畜品种在草地混养或轮牧等。

立体模式是一种根据生物种群的生物学、生态学特征和生物之间的互利共生关系而合理组建的农业生态系统，它使处于不同生态位置的生物种群在系统中各得其所，相得益彰，它能更加充分地利用太阳能、水分和矿物质营养元素，是在时间上多序列、空间上多层次的三维结构，经济效益和生态效益俱佳。立体模式具体包括果林地立体间套模式、农田立体间套模式、水域立体养殖模式、农户庭院立体种养模式等。

### （四）种群层次的生物关系安排——食物链模式

食物链模式主要涉及有食物链关系的初级生产者、次级生产者和分解者之间的搭配。根据食物链的结构可分为以下几点：①食物链延伸模式，如利用秸秆和粪便生产食用菌、蚯蚓、蝇蛆、沼气等，与农业废弃物利用有关的腐生食物链模式，为有害生物综合防治而建立的取食、寄生、捕食、偏害等食物链模式；②食物链阻断模式，如在污染出现时，为阻断污染物的食物链浓缩，需打断食物链联系，在农田生产中可采用种植花卉、用材林、草坪等非食物生产模式，在水体中可采用养殖观赏鱼类的生产模式。

这是一种按照农业生态系统的能量流动和物质循环规律设计的良性循环的农业生态系统。这一系统中一个生产环节的产出是另一个生产环节的投入，使得系统中的废弃物多次循环利用，从而提高能量的转换率和资源利用率，获得较大的经济效益，并有效地防止农业废弃物对农业生态环境的污染。该模式具体包括种植业内部物质循环利用模式、养殖业内部物质循环利用模式、种养加工三结合的物质循环利用模式等。

总之，生态农业的本质就是将农业现代化纳入生态合理的轨道，实现农业可持续发展的一种农业生产方式。这是依据区域资源优势潜力，在开发农业主导产业的同时，通过农业生物种群多样化、农业产业多样化，实现绿色植被最大化，使水土资源利用高效、合理，使废弃物最少化及物质良性循环，从而达到经济、环境效益同步增长和资源可持续利用的目标。尽管目前中国生态农业的发展水平较低，但这是我国未来农业发展的方向。

## 第三节　生态农业绿色发展路径

## 一、生态农业绿色发展的重要意义

### （一）生态农业绿色发展是恪守农产品质量安全底线的客观需要

影响农产品质量安全的因素主要是水土资源、环境条件等。对于农业生产而言，提供尽量多的农产品仅仅是追求的目标之一，而保障农产品的安全、优质则是更为重要的目的。绿色农业正是在这样的理念下发展起来的，它要求将农产品种植、养殖、加工、包装、运输、销售等所有环节都纳入绿色生产的管理范畴。在投入生产之前，需要保证优质的生产环境。在生产过程中，要严格控制投入品。在农产品产出之后全过程的加工、包装、销售、运输等环节，都需要制定绿色生产规程以及必要的质量安全标准。农产品生产企业可通过建立齐全的农产品生产基地、加工厂、包装基地以及物流团队，为农产品申请绿色食品标志认证，并建立自己的绿色农产品专卖产业链，打通绿色农产品产销链，从而为农产品的质量安全提供更有力的保证。

### （二）生态农业绿色发展能够带动先进农业生产技术体系化建设

对农业生产技术及农业产业结构而言，推进绿色农业生产成套技术以及向着绿色农业产业转变，是未来农业产业转型升级的必经之路，是我国农业经济走向世界，迎接和参与国外先进技术挑战的必要准备，也是我国农业可持续发展的保证。同时，随着我国城乡居民生活水平的提高，人们更高质量的物质追求也要求我们提供更优质的农产品。

### （三）生态农业绿色发展有利于水土资源的改善以及环境质量的提升

农业生产赖以存在的水土资源以及环境条件，不仅遭受着工业生产的严重污染，而且农业生产本身也对水土资源、环境质量有着越来越严重的威胁。农业生产过程中，大量化学药剂的使用，如杀虫剂、除草剂、化肥等，对水体以及土壤的污染都很严重。水土污染直接导致我国农业产品的品质大大降低。因此，有效遏制水土资源污染的进一步加剧，实现农业生产的绿色化转型，是现代农业生产的内在需求。

### （四）有利于提升农产品国际市场竞争力

从我国农产品出口的数据显示，我国农产品的国际竞争力正逐年下降，尤其是土地密集型农产品，已经无法在国际竞争中占有一席之地。另外，目前我国农产品还面对着国际上极为严格的绿色要求壁垒。因此，我国每年都有大量的出口农产品因无法满足进口国的标准而被退回。因此，必须通过绿色生产转型提升我国农产品日益弱化的国际竞争力。

## 二　中国生态农业绿色发展中的主要问题

### （一）理论基础不扎实

生态农业是一种复杂的系统工程，它需要包括农学、林学、畜牧学、水产养殖、生态学、资源科学、环境科学、加工技术以及包括社会科学在内的多种学科的支持。以前的研究往往是单一学科的，可能对这一复杂系统中的某种组分有了一定的甚至比较深入的了解，但是，对于这些组分之间的相互作用还知之甚少。目前在理论上还有很多方面尚未进行很好的研究和总结，许多生态农业技术模式仍处于经验水平。例如，生态农业定义的科学表述方面、生态农业基本理论体系方面、生态农业研究方法论方面、生态农业模式的物流和能流过程与内在机理方面、生态农业模式分类方面、生态农业模式结构优化与规划设计方面、生态农业的价值评估体系和评价方法方面、生态农业标准方面、生态农业的产业化问题、不同层次的生态农业模式之间的尺度转换问题，以及生态农业模式的空间分布与动态演变规律等方面。因此，需要进一步从系统的角度对生态农业进行更加深入的研究，特别是在要素之间的耦合规律、结构的优化设计、科学的分类体系、客观的评价方法方面。这种研究应当建立在对现有生态农业模式进行深入调查分析的基础上，必须超越生物学、生态学、社会科学和经济学之间的界限，应当是多学科的交叉与综合，需要多种学科专家的共同参与，需要建立生态农业自身的理论体系。

## （二）技术体系不完善

许多地方在发展生态农业时，重视模式的物种结构搭配，而对模式结构组分之间适宜的比例参数、各个环节的关键配套技术不太重视，造成技术体系不够完善。目前，许多生态农业的一些关键技术，如病虫害防治、土壤肥力培育、生物多样性等，仍未有大的突破，真正过硬的生态农业技术并不多，出现"技术疲软"的局面。同时，在生态农业发展过程中，很多人常常只重视传统生态农业技术如间作套种技术、沼气技术等的使用，轻视甚至抵制现代科学技术的应用，如生物技术、自动化农业技术、设施农业技术、精确农业技术和信息技术等。显然，这样并不能保证生态农业可持续发展。生态农业系统往往包含多种组分，这些组分之间具有非常复杂的关系。例如，为了在鱼塘中饲养鸭子，就要考虑鸭子的饲养数量，而鸭子的数量将受到水的交换速度、水塘容积、水体质量、鱼的品种类型和数量、水温、鸭子的年龄和大小等众多条件的制约。在一般情况下，农民并没有足够的理论知识和经验对这一复合系统进行科学的设计，而简单地照搬另一个地方的经验也是非常困难的，往往并不能取得成功。

## （三）农业产业化水平不高

农业产业化是以市场为导向，以经济效益为中心，以主导产业、产品为重点，优化组合各种生产要素，实行区域化布局、专业化生产、规模化建设、系列化加工、社会化服务、企业化管理，形成种养加、产供销、贸工农、农工商、农科教一体化经营体系，使农业走上自我发展、自我积累、自我约束、自我调节的良性发展轨道的现代化经营方式和产业组织形式。它实质上是对传统农业进行技术改造，推动农业科技进步的过程。发展生态农业的根本目的是实现生态效益、经济效益和社会效益的统一，但在我国许多农村地区，促进经济的发展、提高人民的生活水平仍然是一项紧迫的任务。世界经济的全球化为我国生态农业的发展提供了新的机遇，但中国生态农业的发展也面临着新的挑战。目前生态农业的实际情况还不能满足需求，在一些地方仅仅依靠种植业的发展，难以获得比较高的经济收益。为适应新形势，生态农业的发展还有许多待解决的问题，而其中农业的产业化是一个极为重要的方面。从另一个方面来看，人口问题也一直是我国社会发展的主要问题之一。据估计，到2030年前后，我国人口将达到16亿人。土地资源相对短缺，耕地面积还在不断减少，而人口继续增加，农村剩余劳动力的转移已经成为困扰农村地区可持续发展的一大障碍。为了解决此问题，也必须在生态农业中延长产业链、提高农业的产业化水平。

## （四）服务水平和能力有待提高

对于生态农业的发展，服务与技术是同等重要的。但目前尚未建立有效的服务体系，一些地区还无法向农民提供优质品种、幼苗、肥料、技术支持、信贷与信息服务。例如，信贷服务对于许多地区的生态农业发展是非常重要的，因为对于从事生态农业的农民来说，可能往往在项目实施几年之后才能盈利，所以在这种情况下信贷服务自然必不可少。除此以外，信息服务也是当前制约生态农业发展的重要因素，因为有效的信息服务将十分有益于农民及时调整生产结构以满足市场要求并获得较高的经济效益。

### （五）推广力度不够

虽然生态农业在我国有着悠久的历史，我国政府也较为重视，但在全国范围内仍然没有得到全面推广。国家级生态农业县的数量与全国相比是一个非常小的数字。因为从总体上看，沉重的人口压力、对自然资源的不合理利用、生态环境整体恶化的趋势等，并没有得到根本改善，农业的面源污染在许多地区还十分严重。水土流失、土地退化、荒漠化、水体和大气污染、森林和草地生态功能退化等，已经成为制约农村地区可持续发展的主要障碍。从某种程度上来说，目前的生态农业试点只不过是"星星之火"，还没有形成"燎原"之势。

### （六）政策机制急需完善

如果没有政府的支持，就不可能使生态农业得到真正的普及和发展。而政府的支持，最重要的就是建立有效的政策激励机制与保障体系。虽然目前我国农村经济改革是非常成功的，但是对于生态农业的贯彻还有许多不太完善的地方。有些地区由于政策方面的原因，农民缺乏对土地、水等资源进行有效保护的主动性。而农产品价格因素，有时也会成为生态农业发展的一个制约因素。因为对比较贫困的人口来说，食物安全保障可能更为重要，但对于那些境况较好的农民来说，较高的经济效益可能会成为刺激他们从事生态农业的基本动力。因此，只有不断完善相应的政策和体制机制，才能为生态农业的科学、高效发展提供保障。

## 三 生态农业绿色发展的路径

### （一）制定生态农业绿色发展规划

遵循生态农业绿色发展要求，制定生态农业绿色发展规划。我国的国情是人口多、耕地少，人均资源相对紧缺，地区间发展不平衡，同时资源、环境和人口的多重压力日益加重。发展生态农业，是解决 21 世纪我国 13 亿人吃饱、吃好的强有力保证，是引导常规农业走出困境，实现可持续发展的必然选择。我国的生态农业应遵循发达国家在提出生态农业时所坚持的发展农村经济必须与环境保护相协调的原则和生态原理，摒弃西方生态农业主张不用农药、化肥、机械等外部投入的非集约化农业技术路线的回归自然的倒退做法，坚持增加科技含量，合理投入，实施集约农业产业工程化的技术路线。生态农业发展必须在生态合理性的基础上，以现代科技为支撑，制定出具有科学性、前瞻性的农业发展规划。

### （二）建立健全生态农业绿色发展的体系与制度

生态农业绿色发展离不开市场机制的推动。政府扶持是生态农业绿色发展的重要动力与基石。政府通过颁布相应的法律法规，为生态农业绿色发展提供财力、物力、人力支持。这主要体现在三个方面：第一，构建齐全的生态农业绿色发展的生产法律法规。生态农业绿色发展需要相应的法律法规，以加强对生态农业绿色发展战略的保护。生态农业绿色发展不仅关乎农业生产本身，也与环境保护直接相关。因此，完善与生态农业绿色发展生产相关的法律法规，将有利于对生态环境的保护，有利于提高人民的法制意识，为生态农业绿色发展提供法律支撑。第二，加强对绿色农产品的质量监控。构建科学、严格的绿色农产品质量安全认证体系，并严格规范绿色农产品申报、审批相关制度。打通绿色农产品产销通道，解决生态农业绿色发展的终端消费问题。规范绿色农产品质量监督管理体系，从严控品质着手，打造绿色农产品的公信力。第三，为生态农业绿色发展提供可靠的政策保障：一是在土地经营政策方面提供支持，对生态农业绿色发展的龙头企业，应优先保障其用地指标，并在工商注册、收费、土地审批方面予以支持；二是在产业投资政策方面也应予以扶持，提高政府财政预算对生态农业绿色发展的支持，重点倾向于有利于生态环境保护、资源利用、清洁生产等方面的绿色农业发展项目，进一步提高循环农业、农业污染治理、高标准农田等项目的建设标准以及投资支持力度。

### （三）加大科技和资金的投入，为生态农业绿色发展提供动力源泉

生态农业的科学基础主体是微生物学，技术基础主要是"生物工程"。运用基因工程和细胞工程选育优良高产菌株或构建多功能型的工程菌株，发酵工程和酶工程是实现微生物资源产业化的生产工艺技术。农业科研院、校、所是农业科技创新的主体，但由于政府、企业对农业科研投入的不足，农业科研人员普遍感到科研经费短缺，正常的科研活动难以维持。因此，政府应在每年增加农业科技投入比例的同时，使之法律化、制度化。结构决定功能，农业结构如何直接决定着农业的功能与效益。发展高效生态农业，必须高度重视农业结构调整。在转变经济发展方式成为"主线"的大背景下，农业结构调整已成为高效生态农业的重要内容和关键技术之一。具体来说，农业结构调整技术包括以下几点：一是调优，就是要将优质安全的农作物种类和品种调整过来，扩大面积，提高产量，满足人们的需求；二是调绿，要大力发展绿色、环保、低碳的农业产业，生产出无公害产品、绿色产品、有机产品；三是调特，各地要因地制宜，大力发展特色农业，生产特色产品，形成特色品牌，产生"特有"效益；四是调高，加大农业科技成果推广力度，提高农业科技贡献率，提高农产品附加值，提高农业整体效益；五是调强，做强、做大农业企业，实行农业产业化，延伸农业产业链条，强化农业基础地位。发展生态农业需要兴办工厂，以大规模地进行生产。为了多渠道、多途径地增加对农业的资金投入，政府应相应制定一些优惠政策措施，鼓励和吸收一些大型工商企业和乡镇农业企业以及外商和个人对农业科研和基础设施进行投资，从而形成一种生态农业良好的投入机制。

### （四）加强人员教育培训，培养高素质的农业人才，为生态农业绿色发展提供智力保证

生态农业是一种可持续发展的新型农业，它不仅涉及传统技术，也包括当前正在大力推广的各种适用技术，还包括具有前瞻性的高新生物技术。要实现农业高新技术的开发、

推广、运用渠道的畅通，只能依靠高素质的农业人才。因此，加大人员教育培训，提高农民素质是当务之急。提高农民素质主要有以下几点：一要转变农民的思想观念，帮助他们建立发展生态农业可带来丰厚利润的信心；二要强化农民的科技和文化教育，提高他们的科技文化水准；三要加强农民在微生物生产技术运用等方面的培训，使他们熟练掌握现代先进的技术和科学的管理知识。

### 📖 知识链接

#### 京山市曹武镇发展绿色生态农业　带动农民增收致富

中新网湖北新闻 3 月 22 日电　又到一年草莓香，曹武源泉好风光。3 月 19 日，在曹武镇源泉村草莓采摘园，放眼望去，大棚内满眼翠绿，茂盛的草莓苗间点缀着白色花蕊，一颗颗红彤彤的草莓或镶嵌在绿叶丛中，或垂挂在田垄两边，许多农户和游客穿梭在园间，享受着采摘草莓的乐趣，构成了一幅"一抹红颜青上垄，满面桃花笑春风"的醉人画面。

"你看，又软又甜的这种草莓是'天仙醉'，是从日本原种引进的高档品种，被誉为'水果皇后'，在销售市场很受欢迎；果形较大的'丰香'草莓产量比较高，一亩地能采摘 1500 斤以上，维生素 C 含量高，还有润肺生津等功效。"该基地负责人潘建政高兴地介绍道。

"草莓的采摘季在每年的 1 月到 6 月，由于种植品种好，附近乡镇的村民都喜欢来这里采摘，草莓价格也比普通草莓高，一斤可以卖到 35 元，一个大棚产值大约有 3 万元。"

2016 年，准备投资建设草莓采摘园的潘建政第一次进源泉村考察，他和村里商量，要种好草莓，一家一户肯定干不好，只有把土地集中起来搞规模化种植才能做大做强，但是，农民能轻易同意流转土地搞规模化种植吗？当时他心里七上八下，差点打起了"退堂鼓"。让他没想到的是，经过当地干部与村民反复沟通，宣讲草莓种植的市场前景，最终竟赢得了村民支持，潘建政顺利从农户手里流转了 30 亩土地，迅速建起了 11 个高标准草莓大棚。

经过一段时间的试种，潘建政发现虽然有土地可以大量种植草莓，但由于缺乏先进的技术指导，源泉村的草莓无法与外地草莓竞争。于是他专门到宜昌一家草莓种植基地学习了两个多月，在"取经"之后，他引进了高品质的"红颜""天仙醉""丰香"三个新品种，采用施有机"套餐"肥、草莓苗冷藏处理、蜜蜂自然授粉、花期调控等新技术，生长出的草莓味美香甜，通过当地镇村政府的帮助和推广，到草莓园采摘的游客越来越多。

"这种草莓品种好，加上绿色种植，味道酸甜可口，我们都很喜欢，下次有机会还会再来。"来自应城的章先生带着家人慕名来游玩，一次采摘了三斤新鲜草莓。

"前段时间一直低温阴雨，草莓需要两天时间才能采摘一次，当天下午就能出现在京山和周边的大型商超里。"潘建政说。采摘园种植的草莓在本地市场供不应求，外地的不少水果批发商闻讯后也前来批发进货。

潘建政介绍，因为草莓可食用的是鲜果部分，无皮无壳，所以对食品安全的要求更加严格。有的基地采用催化剂，让草莓看上去圆润硕大，但实际上其催生出来的果实却缺少

"滋味"，而且容易长成空心。源泉村种植的草莓完全自然生长，因此颗颗扎实，味道也特别好。

如何通过发展像草莓这样的绿色生态农业带动更多农民增收致富，这是源泉村"两委"一直在研究的课题。在充分听取村民意见的基础上，村"两委"结合全村自然条件等多方因素，确定了"集体铺路，农户抱团"的发展思路，通过"合作社＋基地＋农户"的模式种植草莓，发展乡村产业。

"以前，我一直靠种田和外出打零工维持家用，一到农闲时节便闲在家里，没什么收入。现在草莓采摘园建好了，农闲时我就在园子里帮忙除草、平整土地、修建大棚，不仅每月有3000元的工资，还能方便地照顾老人小孩，日子比以前好过多了。"贫困户谢青国接受采访时，话语中流露出幸福感。仅在源泉村一带，参与草莓种植产业的贫困户和村民就有40多人。

曹武镇党委书记孙俊雄认为，乡村振兴，产业先行。源泉村依托"农业＋旅游"发展模式，把草莓采摘园打造成集采摘、观光、休闲旅游为一体的农业休闲庄园，是围绕生态农业、现代农业发展思路，积极探索农民增收致富的新路子，这种模式有力地推动了乡村振兴和脱贫攻坚工作。

（黎昭鹏，王映来．京山市曹武镇发展绿色生态农业带动农民增收致富．中新网湖北新闻，2019.3.22.）

### 📝 思考题

1. 什么是生态农业？
2. 生态农业绿色发展的重要意义是什么？
3. 简介生态农业绿色发展的路径。

# 第五章　生态工业绿色发展

## 第一节　生态工业与传统工业

### 一　生态工业与传统工业的含义

生态工业是依据生态经济学原理，以节约资源、清洁生产和废弃物多层次循环利用等为特征，以现代科学技术为依托，运用生态规律、经济规律和系统工程的方法经营和管理的一种综合工业发展模式。

生态工业是模拟生态系统的功能，建立起相当于生态系统的"生产者、消费者、还原者"工业生态链，以低消耗、低（或无）污染、工业发展与生态环境相协调为目标的工业。生态工业系统中存在着多种资源，它们之间通过类似生物和食物营养关系的生态工艺关系相互依存、相互制约。通过生态工艺关系，将资源的加工链尽量延伸，能最大限度地开发和利用资源，实现了资源的价值增值，有力地保护了生态环境。

传统工业是指自18世纪产业革命以来，建立在社会化大生产基础之上的诸如钢铁、汽车、建筑、纺织、橡胶、造船以及与它们相关的一些附属工业部门的工业形式。传统工业又称"夕阳工业"，主要是基础工业，20世纪70年代后，西方国家的经济危机日益频繁，导致许多传统的工业部门相继衰落，如开工严重不足、产品市场萎缩，传统工业在整个社会生产中所占的比重不断下降。传统工业大多是工业革命后机器大工业发展的鼎盛标志。随着现代科学技术和经济结构发展的需要，新兴工业不断兴起，发展迅速，如石油化工、合成材料、电子技术、原子能、宇航工业等，极大地冲击和改变了原有的工业结构，使传统工业生产停滞不前甚至衰退。但传统工业目前在经济发达国家的经济中仍占主要地位，在较短时间内新兴工业还不可能取代其地位。

在发展中国家，传统工业仍占有重要的地位。随着全球人口和经济规模的不断增长，煤炭、石油等传统化石能源的短缺形势越来越严峻，能源使用带来的环境问题越来越严重。从世界能源储量来看，在现有技术经济水平和开采强度下，煤炭可以用200多年，石油可以用40多年，储量十分有限。从能源分布来看，据统计，约38%的可采石油储量分布于中东，17.3%和16.5%分布于俄罗斯及其周边国家和北美，欧洲不足4%，分布十分不均。此外，人类使用化石能源的经济成本越来越高，技术要求越来越强。与此同时，人类使用开采化石能源的速度呈现递增趋势，1985—2005年，世界石油需求的年均增长率约为1.7%。全球各经济区域中，亚太地区石油需求增长最快，供需矛盾突出。我国的化石能源资源在世界已探明储量中，石油仅占2.7%，天然气占0.9%，煤炭占15%，呈现

"缺油、少气、多煤"的状况，但其产量占世界总产量的比例却分别高达 4.2%、1.5% 和 33.5%。高速发展的经济导致石油大幅依靠进口，严重威胁着我国的能源安全。现实种种困境，正在推动世界各国努力走出一条科技含量高、经济效益好、资源消耗低、环境污染少、人与自然和谐发展的生态工业发展道路。

从全球化的角度来看，生态工业系统相当于由无数相关的工业子系统组成的整体网络，系统之间用生态工业链相连。由于生态工业链的复杂性，每个工业子系统之间有许多不同的联系。生态工业系统是一个研究领域广阔、研究对象复杂的大系统。

生态工业重在追求工业经济系统和生态系统耦合，协调工业的生态、经济和技术关系，促进工业生态经济系统的人流、物质流、能量流、信息流和价值流的合理运转和系统的稳定、有序、协调发展，建立宏观的工业生态系统的动态平衡。通过模拟自然系统建立工业系统中的"生产者—消费者—分解者"循环途径，建立互利共生的工业生态网，利用废物交换、循环利用和清洁生产等手段，实现物质闭路循环和能量多级利用，达到物质和能量的最大利用以及对外废物的零排放。做到工业生态资源的多层次物质循环和综合利用，提高工业生态经济子系统的能量转换和物质循环效率，建立微观的工业生态经济平衡，从而实现工业经济效益、社会效益和生态效益的同步提高，走可持续发展的工业发展道路。

## 二 生态工业与传统工业的区别

生态工业与传统工业相比有如下几点区别。

### 1. 追求的目标不同

工业生产是人类利用资源获取价值实现的一种经济活动，其目的是增加产出和经济收入，增加社会财富，以改善人类的生活条件和福利水平。传统工业发展模式以片面追求经济效益目标为己任，忽略了对生态效益的重视，导致"高投入、高消耗、高污染"局面的发生，人类已经认识到对资源和环境毫无顾忌的工业生产方式无疑是"自我毁灭"；而生态工业将工业的经济效益和生态效益并重，从战略上重视环境保护和资源的集约、循环利用，有助于工业的可持续发展，是一种既能满足当代人需求而又不牺牲子孙后代利益，能够满足自身需要的生态化的发展模式。

### 2. 自然资源的开发利用方式不同

传统工业由于片面追求经济效益目标，只要有利于在较短时期内提高产量、增加收入的方式都可采用。因此，工矿企业林立，资源过度开采、单一利用等状况比比皆是，引发了资源短缺、能源危机、环境污染等一系列问题。生态工业从经济效益和生态效益兼顾的角度出发，在生态经济系统的共生原理、长链利用原理、价值增值原理和生态经济系统的耐受性原理的指导下，对资源进行合理开采，使各种工矿企业相互依存，形成共生的网状生态工业链，这不但提高了资源、能源的利用率，而且有效地提高了污染废料的净化率和转化率，减少了工业生产成本，实现了价值增值并取得了经济和环境多重效益。

### 3. 产业结构和产业布局的要求不同

传统工业只注重工业生产的经济效益，而且是区际封闭式发展，导致各地产业结构趋同、产业布局集中，与当地的生态系统和自然结构不相适应。资源的过度开采和浪费，导致环境恶化严重，不利于资源的合理配置和有效利用。生态工业系统是一个开放性的系统，其中的人流、物流、价值流、信息流和能量流在整个工业生态经济系统中合理流动和转换增值，这要求具备合理的产业结构和产业布局，与其所处的生态系统和自然结构相适应，以符合生态经济系统的耐受性原理。

**4. 废弃物的处理方式不同**

传统工业实行单一产品的生产加工模式，对废弃物一弃了之，因为这样有利于缩短生产周期，提高产出率，从而提高其经济效益。而生态工业不仅从环保的角度遵循生态系统的耐受性原理，尽量减少废弃物的排放，而且充分利用共生原理和长链利用原理，改过去的"原料—产品—废料"生产模式为"原料—产品—废料—原料"模式，通过生态工艺关系，尽量延伸资源的加工链，最大限度地开发和利用资源，既获得了价值增值，又保护了环境，实现了对工业产品"从摇篮到坟墓"的全过程控制和利用。

**5. 工业产品的指标要求和流通控制不同**

各种生态产品，无论作为生产资料还是作为消费资料，都强调其技术经济指标有利于经济的协调，有利于资源、能源的节约和环境保护，而传统的工业产品对此却没有要求。只要是市场所需的工业产品，传统工业一律放行，而生态工业却加入了环保限制，只有对生态环境不具有较大危害性且符合市场原则的工业产品才能在生态工业中流通。这无疑更有利于生态环境保护，有利于促进人口、经济、环境和生态的协调发展。

总之，生态工业是一种基于生态的循环经济，它以物质、能量梯次和闭路循环使用为特征，运用生态规律来指导人类的经济活动，合理使用自然资源和环境容量，从而解决长期以来环境与发展之间的矛盾和冲突。我们倡导发展以工业为主导的生态经济，就是要一手抓传统工业的提升，一手抓生态工业的发展，运用先进的科学技术对旧的工艺和设备彻底进行改造，使之尽快地生长成为新的工业生态系统的组成部分，大力发展生态工业，走无污染清洁化的生态文明之路。

# 第二节 生态工业园

## 一、生态工业园的含义

生态工业园是建立在一块固定地域上的由制造企业和服务企业形成的企业社区。在该社区内，各成员单位通过共同管理环境事宜和经济事宜来获取更大的环境效益、经济效益和社会效益。整个企业社区能获得比单个企业通过个体行为最优化所能获得的效益之和更大的效益。

生态工业园是一个包括自然、工业和社会的地域综合体，是一种新型工业形态，是生态工业的聚居场所。生态工业园是继经济技术开发区、高新技术开发区之后我国的第三代产业园区。它与前两代的最大区别是以生态工业理论为指导，着力于园区内生态链和生态网的建设，最大限度地提高资源利用率，从工业源头上将污染物排放量减至最低，实现区域清洁生产。与传统的"设计—生产—使用—废弃"生产方式不同，生态工业园区遵循的是"回收—再利用—设计—生产"的循环经济模式。它仿照自然生态系统中的物质循环方式，使不同企业之间形成共享资源和互换副产品的产业共生组合，使上游生产过程中产生的废物成为下游生产的原料，达到相互间资源的最优化配置。

生态工业园综合地运用了工业生态学和循环经济理论，把经济增长建立在环境保护的基础上，体现了人和自然和谐相处的思想，是 21 世纪经济可持续发展的一种重要模式。生态工业园的目标是在最小化参与企业的环境影响的同时提高其经济效益。这类方法包括对园区内的基础设施和园区企业（新加入企业和原有经过改造的企业）进行绿色设计、清洁生产、污染预防、有效使用能源及企业内部合作。

20 世纪发展起来的工业生态学和循环经济是生态工业园的理论基础。工业生态学是专门审视工业体系与生态圈关系的、充分体现综合性和一体化的一种新思维。它强调用生态学的理论和方法研究工业生产，把工业生产视为一种类似于自然生态系统的封闭体系，其中一个单元产生的"废物"或副产品，是另一个单元的"营养物"和投入原料。这样，区域内彼此靠近的工业企业就可以形成一个相互依存的，类似于生态食物链过程的"工业生态系统"。循环经济是对物质闭环流动型经济的简称，它是以物质、能量梯次和闭路循环使用为特征的，以"资源—产品—再生资源"方式为主的物质流动经济模式。它改变了传统工业经济高强度地开采和消耗资源、高强度地破坏生态环境的物质单向流动模式，即"资源—产品—废物"模式，使环境保护和经济增长形成了有机结合。

## 二、生态工业园的特征与标志

### （一）生态工业园的特征

工业共生是生态工业园的重要特征，只要有生态工业系统，就会有工业共生。世界各国在规划生态工业园区时，都谋求模拟生态系统的功能，使产业结构升级，构建生态产业。比较成功的生态工业园的例子是丹麦卡伦堡共生体系，卡伦堡已成为将区域内不同产业链接起来的模版。

### （二）生态工业园的标志

生态工业园应使人们在各种社会经济活动中所耗费的活劳动和物化劳动获得较大经济成果的同时，保持生态系统的动态平衡，其具体标志为以下几点。

#### 1. 高效益的转换系统

生态工业园的各项活动在其"自然物质—经济物质—废弃物"的转换过程中，应做到自然物质投入少、经济物质产出多、废弃物排泄少。通过发展高新技术，使工业生产尽可能少地消耗能源和资源，通过高新技术提高物质的转换与再生和能量的多层次分级利用，从而在满足经济发展的前提下使生态环境得到保护。因此，高新技术产业用地应占生态工业园的比重在 30% 以上，这是使生态工业园具有高效益的转换系统必需的基础条件之一。

## 2. 高效率的支持系统

生态工业园应有现代化的基础设施作为支持系统，为生态工业园的物质流、能量流、信息流、价值流和人流的运动创造必需的条件，从而使工业园在运行过程中减少经济损耗和对生态环境的污染。工业园支持系统应包括以下几点：道路交通系统；信息传输系统；物资和能源（主副食品、原材料、水、电、天然气及其他燃料等）的供给系统；商业、金融、生活等服务系统；各类废弃物处理系统以及各类防灾系统。

## 3. 高水平的环境质量

对生态工业园生产和生活中产生的各种污染和废弃物，都能按照各自的特点予以充分的处理和处置，使各项环境要素质量指标达到较高的水平。

## 4. 多功能的绿地系统

生态工业园的绿地普及应根据联合国有关组织的决定，使绿地覆盖率达到50%、居民人均绿地面积达90平方米、居住区内人均绿地面积为28平方米，这样才能维持工业园区生态系统的平衡。绿地系统还应具备多种功能，包括防护功能（保护水体等）；调节功能（空气、水体、温度、湿度等）；美化功能；休闲功能（提供娱乐、休闲场所）；生产功能（绿色食品生产区和花卉草树苗圃生产基地等）。

## 5. 高质量的人文环境系统

生态工业园应具有高质量的人文环境系统，包括较高的教育水平和人口素质水平、良好的社会风气和社会秩序、丰富多彩的精神文化生活、发达的医疗条件和祥和的社区环境，以及自觉的生态环境意识，只有这样才能吸引人才、留住人才。

## 6. 高效益的管理系统

生态工业园应具备高效的园区管理系统，对园区内的各个方面如人口、资源、社会服务、就业、治安、防灾、城镇建设、环境整治等实施高效率的管理，促进工业园区的健康运行。

# 三　生态工业园的产生与发展

生态工业园是未来区域经济发展的必然趋势。生态工业园的产生主要有两个原因：第一，生态工业园是传统工业园区的延伸。集聚经济效益赋予了工业园生命力，而管理经验的累积为催生工业园奠定了基础。第二，工业生态学的诞生导致了生态工业的发展。自工业文明以来，工业发展带来了严重的环境问题，痛定思痛，人们终于发现应该仿照自然生态系统来规划未来工业的发展。

西方国家在20世纪八九十年代已经开始了对生态工业园区建设的探讨和实践，其中最具有代表性的是丹麦和美国。

丹麦卡伦堡生态工业园是世界上最早也是最著名的生态工业园，卡伦堡生态工业园的示意图展示出生态工业园的雏形是工业共生体，卡伦堡共生体就是工业共生体的成功典范，其主体企业是发电厂、炼油厂、制药厂、石膏板生产厂。以这四个企业为核心，各企业通过贸易方式利用对方生产过程中产生的废弃物和副产品，不仅减少了废物产生量，降低了处理的费用，还产生了较好的经济效益，形成了经济发展与环境保护的良性循环。

卡伦堡生态工业园作为一个成功的共生体系，给了我们三大启示：一是共生体系的形成是一个自发的过程，它是在商业基础上逐步形成的，所有企业都能从中得到好处，每一种"废料"供货都是伙伴之间独立、私下达成的交易；二是共生体系的成功广泛建立在不同伙伴之间已有的信任关系之上；三是共生体系的特征是几个既不同又能互补的大企业相邻。

美国生态工业园区的发展也较早。20世纪70年代初，在美国环境保护署和可持续发展总统委员会的支持下，美国就开始研究生态工业园的概念、设计原则、方法等。在1994年，总统可持续发展理事会指定了四个社区作为生态工业园区的示范点，即马里兰州的巴尔的摩、弗吉尼亚州的查尔斯、得克萨斯州的布朗斯和田纳西州的恰塔努加。这四个示范点对生态工业园区的设想和侧重点各不相同。美国政府大力支持生态工业园的发展，美国环境保护局和能源部一直探讨建立生态工业园区的可能性。总统可持续发展理事会还成立了一个特别工作组，专门研究如何将生态工业园从理论的模型引入具体的实践。

## 四　中国生态工业园的发展

我国的生态工业园，如南海国家生态工业示范园区、广西贵港国家生态工业（制糖）示范园区等，但都处于逐步走向完善和成熟的阶段。

南海国家生态工业示范园区位于我国最活跃的珠江三角洲经济圈腹地——广东佛山，是我国第一个以循环经济和生态工业理念为指导的国家级生态工业园。园区总面积为35平方千米，计划滚动投资50亿元，目标是将其建设成为面向珠三角、辐射华南的体现循环经济的第三代工业园，为广东乃至全国的产业升级改造探索可持续的经济发展模式，发挥示范带头作用。在园内还将建立集环保科技产业研发、孵化、生产、教育等诸多功能于一体的国家环保产业基地。

园区采用全新型规划，实体与虚拟相结合的发展模式，规划有六个基本功能组团。其中，4个工业组团包括生态工业链组团、清洁生产组团、绿色产品组团、环保设备制造组团；2个支持性组团分别是信息咨询服务组团和第三产业配套组团。在此功能规划的基础上，建立产品、企业和园区三个层次的生态管理体系，充分利用生态管理、政策措施、信息技术等，保证园区生态工业链条的健康运转，逐步丰富园区工业生态群落，实现园区产业化、绿色化、生态化。

南海国家生态工业示范园区生态工业理念得到了很好的贯彻实施，循环经济产业链初步形成。表现为以下几点：①形成了较为完整的五金产业工业群落、产品代谢链条，每年可为国家节约近4000吨钢铁，节约近1000万元；②在废物代谢方面，形成了"废旧金属—加工处理—金属原材料"以及"废PET（聚对苯二甲酸类塑料）塑料瓶—加工处理—塑料产品"产业链，经济效益和环境效益十分显著；③逐步在园区企业中推行清洁生产，已有25家不同类型的企业加入清洁生产行列，节能降耗低排放使企业创造了可观的经济效益，带来了良好的环境效益；④进一步加强了多边合作，与瑞典斯堪的纳维亚、丹麦菲英省欧登赛市及丹麦卡伦堡生态工业园签署缔结了友好关系协议；⑤开展园区申请ISO14001环境管理体系认证工作，推动园区生态工业向更高层次发展。

广西贵港国家生态工业（制糖）示范园区，是我国第一个循环经济试点。该园区是以上市公司贵糖（集团）股份有限公司为核心，以蔗田系统、制糖系统、酒精系统、造纸系统、热电联产系统、环境综合处理系统为框架建设起来的生态工业（制糖）示范园区。该示范园区的六个系统分别有不同的产品产出，各系统之间通过中间产品和废弃物的相互交换而相互衔接，形成一个较完整和闭合的生态工业网络。园区内资源得到最佳配置，废弃物得到有效利用，环境污染减少到最低水平。园区内主要的生态链有两条：一是"甘蔗—制糖—废糖蜜—制酒精—酒精废液制复合肥—回到蔗田"；二是"甘蔗—制糖—蔗渣造纸—制浆黑液碱回收"；此外，还有制糖业（有机糖）低聚果糖、"制糖滤泥—水泥"等较小的生态链。这些生态链相互间构成横向耦合关系，并在一定程度上形成网状结构。在园区物流中没有废物概念，只有资源概念，各环节实现了充分的资源共享，变污染负效益为资源正效益。

生态工业园是依据循环经济理念和工业生态学原理而设计建立的一种新型工业组织形态。它作为一个区域工业生态系统，是一个物质、能量、信息与价值不断交换和融合的系统。生态园区建设，在使园区内环境影响减少到最小的同时，能显著改善企业的经济绩效，推动社会的经济增长和社会发展，真正实现经济与环境的协调、健康发展。

# 第三节　生态工业绿色发展路径

## 一　培育发展战略性新兴产业

当前和今后一个时期，世情、国情将继续发生深刻变化，我国经济社会发展会呈现出新的阶段性特征。国际上，全球需求结构出现明显变化，围绕市场、资源、人才、技术等的竞争更加激烈，气候变化以及能源资源安全、粮食安全等全球性问题更加突出，我国发展的外部环境更趋复杂。同时，国内发展中不平衡、不协调、不可持续问题依然突出，主要是经济增长的资源环境约束强化，生态环境不断恶化，科技创新能力不强，产业结构不合理等问题。

习近平在党的十九大报告中明确指出：建设生态文明是中华民族永续发展的千年大计。面对资源约束趋紧、环境污染严重、生态系统退化的严峻形势，我们必须树立尊重自然、顺应自然、保护自然的生态文明理念。坚持节约资源和保护环境的基本国策，坚持节约优先、保护优先、自然恢复为主的方针，着力推进绿色发展、循环发展、低碳发展，形成节约资源和保护环境的空间格局、产业结构、生产方式、生活方式，从源头上扭转生态环境恶化趋势，为人民创造良好的生产生活环境。科学判断未来市场的需求变化和技术发展趋势，加强政策支持和规划引导，促进新兴科技与新兴产业深度融合，在继续做强做大高新技术产业的基础上，把战略性新兴产业培育发展成先导性、支柱性产业，增加产值占国内生产总值的比重。

## （一）发展节能环保等战略性新兴产业

积极有序地发展节能环保、新能源、新材料、新能源汽车等战略性新兴产业，切实提高产业核心竞争力和经济效益。比如，节能环保产业重点发展高效节能、先进环保、资源循环利用的关键技术装备、产品和服务；新能源产业重点发展新一代核能、太阳能热利用和光伏光热发电、风电技术装备、智能电网、生物质能技术；新能源汽车产业重点发展插电式混合动力汽车、纯电动汽车和燃料电池汽车技术。此外，以掌握产业核心关键技术、加速产业规模化发展为目标，发挥国家重大科技专项引领支撑作用，组织实施若干重大产业创新发展工程，培育一批战略性新兴产业骨干企业和示范基地。坚持节约优先、立足国内、多元发展、保护环境，加强国际互利合作，调整优化能源结构，构建安全、稳定、经济、清洁的现代能源产业体系。

## （二）推动能源生产和利用方式变革

加快新能源开发，推进传统能源清洁、高效利用。首先，在保护生态的前提下积极发展水力发电；在确保安全的基础上高效发展核能发电；加强并配套实施工程建设，有效发展风力发电；积极发展太阳能、生物质能、地热能等其他新能源；促进分布式能源系统的推广应用。其次，优化全国能源开发布局，建设山西、鄂尔多斯盆地、内蒙古东部地区、西南地区和新疆五大国家综合能源基地，提高能源就地加工转化水平，减少能源大规模长距离的输送压力。最后，加强电网建设，发展智能电网，增强电网优化配置电力的能力和供电的可靠性；完善油气管网，扩大油气战略储备。

# 二 节能减排，推进循环经济发展

面对日趋强化的资源环境约束，我们应增强危机意识，树立绿色、循环、低碳的发展理念，加快构建资源节约、环境友好的生产方式和消费模式，增强可持续发展能力；坚持大幅降低能源消耗强度、显著减少主要污染物排放总量、合理控制能源消费总量相结合，形成加快转变经济发展方式的倒逼机制；坚持强化责任、健全法制、完善政策、加强监管相结合，建立健全有效的激励和约束机制；坚持优化产业结构、推动技术进步、强化工程措施、加强管理引导相结合，大幅度提高能源利用效率，显著减少污染物排放。

## （一）大力节能减排，有效控制温室气体排放

节能减排是经济工作的重点，也是宏观调控的难点，更是人民群众关注的焦点，为了贯彻落实科学发展观，实现国家节能减排目标，必须确立环保理念，正确认识节能减排的重要价值。对企业而言，应了解国家节能减排的有关政策，强化企业的社会责任意识，提高企业节能减排工作的实效。麦肯锡公司在2007年发布的研究报告中表明，大型跨国公司的总裁越来越认识到，企业长期的股东价值取决于企业理解社会需求并对此作出反应的能力，因此，今天的社会需求早已超出了一般意义上商品的物美价廉，它体现在包括节能减排、保护生态资源等一系列社会难题中。合理控制能源消费总量，要明确总量控制目标和分解落实机制，抑制高耗能产业过快增长，提高能源利用效率；健全节能减排法律法规

和标准，强化节能减排目标责任考核，建立低碳产品标准、标识和认证制度，建立完善的温室气体排放统计核算制度等。

### （二）推进循环经济发展

循环经济是实现资源综合利用，实现"低投入、高效率、低排放"的经济模式。循环经济本质上是一种生态经济，是按照自然生态系统的能量转化和物质循环规律重构经济系统，使得经济系统和谐地纳入自然生态系统的物质循环过程。循环经济是生态效益和经济效益高度统一的经济模式。循环经济要求在经济活动和生产活动中高度重视生态效益，实现经济效益和生态效益的有机统一和相互协调。循环经济是绿色循环型经济。物质和能源在循环经济中可以得到合理的、持久的、最大化的利用，使经济活动对自然资源的影响降低到尽可能小的程度，实现经济活动的生态化和绿色化。循环经济是清洁节约型经济。它将清洁生产、生态设计、资源综合利用、可持续消费融为一体，注重生产过程中废弃物的减量化，要求尽可能减少生产中的废弃物产生量，甚至实现"零排放"。

推进循环经济发展，需要加快资源循环利用产业发展，加强矿产资源综合利用，鼓励产业废物循环利用，完善再生资源回收体系和垃圾分类回收制度，推进资源再生利用产业化；开发应用源头减量、循环利用、再制造、零排放和产业链接技术，实行生产者责任延伸制度，推广生产、流通、消费各环节循环经济典型模式，提高资源产出效率。推进循环经济发展还需要加强资源环境支撑力，落实节约优先战略，全面实行资源利用总量控制；完善土地管理制度，强化规划和年度计划管控，严格用途管制，建立健全节约土地标准，加强用地节地责任和考核制度；高度重视水安全，建设节水型社会，健全水资源配置体系，强化对水资源的管理和有偿使用，鼓励海水淡化，严格控制地下水开采；加强对能源和矿产资源的地质勘查、保护、合理开发，形成能源和矿产资源战略接续区，建立重要矿产资源储备体系。

### （三）加强综合治理，大力改善环境质量

严格污染物排放标准和环境影响评价，强化执法监督，健全重大环境事件和污染事故责任追究制度；完善环境保护科技和经济政策，建立健全污染者付费制度，建立多元环保投资融资机制，大力发展环保产业。

## 三 发展核心关键技术，为生态工业提供技术支撑

中国经济由"传统工业"向"生态工业"转变的最大制约是科技水平落后。政府间气候变化专门委员会指出，在解决未来温室气体减排的气候变化问题上，技术进步是最重要的决定因素，其作用超过其他所有驱动因素的总和。建设创新型国家，必须转变经济发展方式，依靠科技创新来推动和实现，要坚持自主创新、重点跨越、支撑发展、引领未来的方针，增强共性、核心技术突破能力，促进科技成果向现实生产力转化。

### （一）推动科技进步

在能源和资源约束强化的条件下，经济的绿色发展主要依靠科技进步。要完善鼓励技

术创新和科技成果产业化的法律制度和政策体系，激发全社会的创造力；加快建设国家创新体系，支持基础研究、前沿技术研究、公益性技术研究；实施国家重大科技专项，着力突破制约经济社会发展和产业升级的关键技术，力争在优势领域取得率先突破；支持高效节能技术推广、重大节能项目建设和重大节能技术示范，培育和完善技术推广机构，为中小企业提供技术支持和援助；引导企业积极开展技术创新活动，大力发展具有自主知识产权的核心技术，形成一大批集研发设计制造于一体、具有国际竞争力的企业，为转变经济增长方式提供有力的技术支撑；建立健全以企业为主体、市场为导向、产学研相结合的科技创新体系，加速科技成果开发和向现实生产力的转化。

## （二）实施创新工程

加快推进国家重大科技专项，深入实施知识创新和技术创新工程。把科技进步与产业结构优化升级紧密结合起来，增强原始创新、集成创新和引进消化吸收再创新能力，在装备制造、生态环保、能源资源、信息网络、新型材料、安全健康等领域取得新突破，在核心电子器件、极大规模集成电路、系统软件新药创制等领域攻克一批核心关键技术。加强基础前沿研究，在生命科学、空间海洋、地球科学、纳米科技等领域抢占未来科技竞争制高点。

## （三）推进节能领域技术开发与应用

推进煤的清洁高效利用、可再生能源及新能源、二氧化碳捕获与埋存等节能领域的技术开发与应用；加强对生物质能的研究开发和应用，开发生物质热解气化、生物质制乙醇、生物质制氢、生物质燃料气合成二甲醚、生物质燃料气合成汽油、甲醇以及城市垃圾综合利用技术，积极发展生物能源业；加快推进风能发电成套装备的产业化；支持发展光—热转换材料、集热器结构材料和部件，研发太阳能热发电技术和太阳能光伏电池材料及组件技术，积极推进薄膜电池、单晶硅电池、多晶硅电池及其他电池等先进太阳电池技术的研发及产业化，加快太阳电池生产和测试设备的国产化进程；发展小型高效天然气制氢以及大规模煤气化制氢技术；支持开发高效热交换器和热系统的节能技术，加快发展工业高耗能产业的节能降耗新工艺、关键技术和设备；围绕风能、生物质能、地热能、二甲醚等可再生能源和新能源的开发利用和工业节能、照明节能、建筑节能等重点领域，以及重点污染行业废气、废水、废渣的治理技术研发，攻克一批节能减排的关键技术。

## （四）坚持走新型生态化工业道路

通过明确目标任务、加强行业指导、推动技术进步、强化监督管理，推进工业重点行业节能：加强示范整体煤气化联合循环技术（IGCC）和以煤气化为龙头的多联产技术；发展热电联产，加快智能电网建设；发展煤炭地下气化、脱硫、水煤浆、型煤等洁净煤技术；实施煤矿节能技术改造；加强煤矸石综合利用；推广连铸坯热送热装和直接轧制技术；推动对干熄焦、高炉煤气、转炉煤气和焦炉煤气等二次能源的高效回收利用，鼓励烧结机余热发电；原油开采行业要全面实施抽油机驱动电机节能改造，推广不加热集油技术和油田采出水余热回收利用技术，提高油田伴生气回收水平；电石行业加快采用密闭式电石炉，全面推行电石炉炉气综合利用，积极推进新型电石生产技术研发和应用。

## 四　建立生态工业评价指标体系

目前，生态工业建设已成为解决结构性污染和区域性污染，调整产业结构和工业布局，实现新型工业化的一种新的发展模式。科学地评价生态工业建设的水平、指导生态工业的健康发展，迫切需要建立一套科学化的评价指标体系。

### （一）生态工业评价指标体系设计原则

生态工业评价指标体系的设计原则应遵循循环经济的"3R"原则（Reduce、Reuse、Recycle，减量、再利用和循环）。"3R"原则实施的优先顺序是减量—再利用—循环。遵循以下原则：①系统性原则，评价指标体系必须能够全面反映生态工业的各个方面，要涵盖广、系统性强；②动态性原则，设计指标体系时应充分考虑系统的动态变化，确保能综合地反映建设现状和发展趋势以便于进行预测与管理；③科学性原则，数据来源要准确、处理方法要科学，具体指标应能够反映出生态工业建设主要目标的实现程度；④可操作性原则，评价指标体系应充分考虑到数据的可获得性和指标量化的难易程度，定量与定性相结合。它要既能全面反映生态工业园区建设的各种内涵，又可以尽可能地利用统计资料和有关规范标准。

### （二）生态工业评价指标体系指标构成

生态工业评价指标体系包含经济指标、生态环境指标、生态网络指标和管理指标四类指标。

**1. 经济指标**

经济指标既要反映当前经济发展水平，又要反映经济发展潜力。经济发展水平可用GDP（国内生产总值）年平均增长率、人均GDP、经济产投比、万元GDP综合能耗、万元GDP新鲜水耗以及万元工业产值废水、废气、固体废弃物排放量等指标表示。经济发展潜力可用高新技术产业在第二产业中所占比重、科技投入占GDP的比例和科技进步对GDP的贡献率等指标来描述。

**2. 生态环境指标**

生态环境指标包括环境保护、生态建设和生态环境改善潜力等方面。环境保护方面的指标包括大气、水、噪声环境质量，工业废水、废气、固体废弃物排放达标率，废水、废气、固体废弃物处理率，废水、废气、固体废弃物减排率，工业废物综合利用率和危险废物安全处置率等。生态建设方面的指标包括清洁能源所占比例、人均公共绿地面积、园区绿地覆盖率和地下水超采率等。生态环境改善潜力用环保投资占GDP的比重来表示。生态工业园区内，大气、水、噪声等环境质量应达到国家有关功能区的标准。工业污水、废气、固体废弃物应全部经过处理并全部达标排放。

**3. 生态网络指标**

生态网络指标是生态工业园区的特征指标，它反映了物质集成、能量集成、水资源集成、信息共享和基础设施共享的效果。它包括重复利用、柔性特征和基础设施建设等方面。重复利用包括对水资源、原材料、能源的重复利用，重复利用率越高，说明园区功能发育得越完善；柔性特征体现园区的抗风险能力，包括产品种类、原材料的可替代性等，产品种类越多，原材料来源越广泛，园区抗击市场风险的能力越强；基础设施建设则以人均道路面积来衡量。

### 4. 管理指标

管理指标包括政策法规制度、管理与意识等。政策法规制度包括促进园区建设的地方政策法规的制定与实施、园区内部管理制度的制定与实施、企业管理制度的制定与实施。管理与意识包括开展清洁生产的企业所占比例、规模以及企业 ISO 14001 认证率，生态工业培训和信息系统建设等。地方政府应制定并实施促进园区建设的地方政策法规，在财政、金融、税收、投资、人才、知识产权、排污收费、土地使用等要素管理方面给予政策支持，保证园区健康、持续发展。此外，相关部门还必须制定并实施园区内部管理制度和企业管理制度。

📖 **知识链接**

## 循环经济典范：日本北九州生态工业园

近年，常有中国代表团访问日本的环境模范城市北九州市。2009 年习近平任国家副主席访日也曾前往考察。

北九州市于 1963 年由九州北部五个中小城市合并而成，是日本重要煤炭资源地，也是日本重工业的发源地。在第二次世界大战后经济高度成长时期（1950—1970 年），九州北部作为日本"四大工业基地"之一，也经历了高速发展的阶段。但重化工企业的排放物严重污染了大气和水域，北九州一度成为以"七色天空"和"死海"闻名的日本污染城市的代表。而到了 1990—1992 年，北九州市却先后被联合国环境计划署等国际组织评选为世界"环境 500 强城市"和"环境首都"。同时，因为北九州致力于发展环境产业，2012 年它被日本政府评为"环境未来城市"。从往昔一个重污染城市蜕变为一个环境优美、环境产业享誉国内外的模范城市，这样的巨变是如何实现的？

一、从"七色烟城"到"星空城市"

北九州市位于日本九州岛最北部，该工业地带的主要产业有钢铁、化工、机械、窑业以及信息关联产业等，是日本"四大工业基地"之一。从 20 世纪中叶开始不断出现的公害问题，给该地区造成了难以估量的经济与环境损害。许多大型工厂集中在洞海湾边，年降尘量创日本最高纪录，许多市民感染上了哮喘病，北九州市也因此被称作"七色烟城"。1968 年，震惊世界的"八大公害事件"之一的米糠油事件（亦称多氯联苯污染事件）就发生在这里。"公害事件"犹如当头一棒，从政府到民间企业，从学者到普通市民，都把环保当成了头等大事。政府实施了包括缔结防止公害的协议、疏浚洞海湾、设置公害监视中心、建设污水处理厂等一系列措施；企业也逐渐设置污染防治设备、引进清洁生产技术。经过二十多年的努力，终于把降尘量位居日本首位的"七色烟城"变成"星空城市"（北九州市 1987 年被日本环境厅评为"星空城市"）。1990 年北九州市还成为日本第一个获得联合国环境规划署颁发的"全球 500 佳奖"的城市。

二、北九州生态工业园总体构成

园区内主要设立三大区域：验证研究区、综合环保联合企业群区和再生利用工厂群区。

1. 验证研究区

在该区域内，企业、行政部门和大学通过密切协作，联合进行废弃物处理技术、再生利用技术的实证研究，从而成为环境保护相关技术的研发基地。

2. 综合环保联合企业群区

各个企业相互协作，开展环保产业企业化项目，从而使该区成为资源循环基地。区域内主要汇集了废塑料瓶、报废办公设备、报废汽车等大批废旧产品再循环处理厂，并通过复合核心设施，将园区内企业排出的残渣、汽车碎屑等工业废料进行熔融处理，将熔融物质再资源化（如制成混凝土再生砖等），同时利用焚烧产生的热能发电，并提供给生态工业园区的企业。

3. 再生利用工厂群区

该区域分为汽车再生区域和新技术开发区域。前者是由分散在城区内的七家汽车拆解厂集体搬迁而形成的厂区，目的是通过共同合作，实施更为合理、有效的汽车循环再利用。后者是当地中小企业和投资公司应用创新技术的地方，市政府通过制定优惠政策，吸引一些小型废弃物处理企业进入该区，扶持中小企业在环保领域的发展。

三、北九州生态工业园的效益

1. 显著的环境效益

北九州市发展重工业时造成的严重环境污染被彻底改变，已从"浓烟滚滚的天空和死海中"奇迹般地复苏。目前每年减少碳排放 18 万吨，居民生活品质得以明显提高。

2. 可观的资源效益

园区通过发展资源循环再利用项目，提高了资源回收和再利用率。目前每年回收废弃物 77000 吨，其中来自北九州市外的废弃物达 70000 吨；再利用 70000 吨，其中北九州市内再利用 19000 吨。

3. 长远的教育效益

北九州工业园已成为日本环境学习基地之一，对日本公众开放并接受参观，同时还成为世界环保人才的培养基地。

四、园内相关环保产品特点及成功经验

1. 政府有力的政策支持

各级政府建立了生态工业园区补偿金制度。对进入园区的具有先进技术的企业，国家补助其企业建设经费中 1/3—1/2 的费用；北九州市政府对入园企业补助其总投资额 2.5% 的费用，对入驻园区的企业在土地、选址、建设项目立项等方面给予补助。属于自购土地的，新建项目最多可补助 10%，扩建项目最多可补助 6%；属于租赁土地的，在项目运行的第一年可免除第一年租金的一半。对于相关科研机构和验证研究机构，市政府每年也给予一定的补助。北九州还制定了对产业废弃物征税的条例，以促进废弃物的减量化、资源化。在政府政策投资银行等的政策性融资对象中，与"3R"事业、废弃物处理设施建设等相关的项目，均可以得到税收优惠。

2. 完善的法律保障体系

从国家层面上看，日本已经建立起完善的保障循环经济发展的法律体系，包括《推进循环型社会形成基本法》《固体废弃物管理与公共清洁法》《资源有效利用促进法》《促进容器和包装分类回收法》《家用电器回收法》《建筑材料回收法》《报废汽车循环利用法》等。北九州市制定了"北九州市公害防止条例"，其标准比国家规定更为严格；市政府还与市内的重要企业签订了"公害防治协议书"。

3. 重视科研及人才培养

北九州市的工业化已有百年历史，积累了丰富的产业技术及人才优势。1994年北九州市开始构建"北九州学术研究城"，为循环经济的发展提供科技支持和智力支撑，目前已有早稻田大学、北九州大学、英国克拉菲尔德大学等多所研究机构和新日铁公司等40多家企业进驻。在生态工业园的实证研究区内，政府、企业和多所大学联合起来建立了多个试验基地，吸收了大量高科技人才进行科学研究。

4. 官、产、学、民共同参与

北九州生态工业园区的建设以地方为主体，中央政府和地方政府共同辅助和管理，企业、研究机构、行政部门积极参与，形成了"官、产、学一体化"的生态工业园区管理和运作模式，企业与研究机构、政府之间进行强有力的合作。同时，政府向社会和市民公开信息，加强与市民之间有关风险方面的信息交流。企业也做到了信息、设施公开，与市民共享信息，并制定风险管理与风险评价的方法，以加深相互的理解，力争避开或降低风险，最终消除市民的不安感、不快感与不信任。

（新土地规划人. 循环经济典范：日本北九州生态工业园. 360webcache.com，2017.8.8.）

## 思考题

1. 什么是生态工业？
2. 生态工业与传统工业有什么区别？
3. 如何通过发展核心关键技术为生态工业提供技术支撑？

# 第六章  生态服务业绿色发展

## 第一节  现代服务业与生态服务业建设

### 一 现代服务业的含义

#### （一）现代服务业的概念

现代服务业出现于工业革命到第二次世界大战期间，成形于 20 世纪 80 年代。我国现代服务业最早是在 1997 年 9 月党的十五大报告中提出的。到 2000 年，中央经济工作会议提出"既要改造和提高传统服务业，又要发展旅游、信息、会计、咨询、法律服务等新兴服务业"。现代服务业，是指在工业化较发达阶段产生的，主要依托电子信息等高技术和现代管理理念、经营方式和组织形式而发展起来的服务部门。它有别于商贸、住宿、餐饮、仓储、交通运输等传统服务业，以金融保险业、信息传输和计算机软件业、租赁和商务服务业、科研技术服务和地质勘查业、文化体育和娱乐业、房地产业及居民社区服务业等为代表。

现代服务业是伴随着信息技术和知识经济的发展而产生，用现代化的新技术、新业态和新服务方式改造传统服务业，创造需求，引导消费，向社会提供高附加值、高层次、知识型的生产服务和生活服务的服务业。现代服务业的发展本质上来自社会进步、经济发展、社会分工的专业化等需求，其具有智力要素密集度高、产出附加值高、资源消耗少、环境污染少等特点。现代服务业既包括新兴服务业，也包括对传统服务业的技术改造和升级，其本质是实现服务业的现代化。

#### （二）现代服务业的分类

对现代服务业的分类，目前尚没有一个统一的标准，以下是目前比较常用的几种分类方式。

**1. 服务的作用领域分类法**

根据现代服务的作用领域不同，可将现代服务业分为基础服务（包括通信服务和信息服务）、生产和市场服务（包括金融、物流、批发、电子商务、农业支撑服务以及中介和咨询等专业服务）、个人消费服务（包括教育、医疗保健、住宿、餐饮、文化娱乐、旅游、房地产、商品零售等）、公共服务（包括政府的公共管理服务、基础教育、公共卫生、医疗以及公益性信息服务等）四大类。

## 2. 世贸组织的列举分类法

世贸组织的服务业分类标准界定了现代服务业的九大分类，即商业服务、电信服务、建筑及有关工程服务、教育服务、环境服务、金融服务、健康与社会服务、与旅游有关的服务以及娱乐、文化与体育服务。

## 3. 第三次产业分类法

现代服务业大体相当于现代第三产业。1985 年《关于建立第三产业统计的报告》将第三产业分为四个层次：第一个层次是流通部门，包括交通运输业、邮电通信业、商业饮食业、物资供销和仓储业；第二个层次是为生产和生活提供服务的部门，包括金融业、保险业、公用事业、居民服务业、旅游业、咨询信息服务业和各类技术服务业等；第三个层次是为提高科学文化水平和居民素质提供服务的部门，包括教育、文化、广播电视事业，科研事业，生活福利事业等；第四个层次是为社会公共需要提供服务的部门，包括国家机关、社会团体以及军队和警察等。

## （三）现代服务业的特点

### 1. 新服务领域

现代服务业适应现代城市和现代产业的发展需求，突破了消费性服务业领域，形成了新的生产性服务业、智力型服务业和公共服务业的新领域。

### 2. 新服务模式

现代服务业是通过服务功能换代和服务模式创新而产生的新的服务业态。

### 3. 高文化品位和高技术含量

第一，高增值服务；第二，高素质、高智力的人力资源结构；第三，高感情体验、高精神享受的消费服务质量。

### 4. 集群性

现代服务业在发展过程中呈现集群性特点，主要表现为行业集群和空间集群。

# 二　现代服务业与环境的关系

服务业对经济发展的贡献有目共睹，但也存在着严重的环境污染问题。而这些问题是随着经济发展与环境污染这对矛盾的不断加剧产生的，两者之间关系日益密切，矛盾也日趋尖锐。服务业对环境有影响，环境对服务业的发展也有反作用。

## （一）服务业对环境的影响

### 1. 直接影响

服务业的直接影响是指服务业在发展过程中需要消耗大量资源和能源，并向周围环境排出大量的废弃物，造成了生态破坏和环境污染。例如，生产交通服务产品除了直接消耗电力外，还要消耗轮胎、燃料、修理服务、保险服务、技术服务等产品，而生产这些中间产品也要消耗电力，这是交通服务业对电力的第一次消耗。进一步分析，生产轮胎、燃料、维修、保险、技术等产品需要消耗石油、煤炭、钢铁、物料、通信以及管理等，这是交通服务业对电力的第二次消耗。再比如餐饮业，消耗的产品涉及面更广，对环境的影响也就更大。根据对环境影响方式的不同，可以把服务业分为烟囱型服务业、累积型服务业和杠杆型服务业三类。

（1）烟囱型服务业

烟囱型服务业是指那些对环境产生很大的直接影响的服务业。比如，大型的饭店、娱乐场所、电力服务业、交通运输业、医院以及一些生产性服务业等。这些服务业的共同特征就是对环境的直接影响很大，会产生大量的废水、废气和废物污染。一座建筑面积在8万—10万平方米的大型饭店，全年的能源消耗为1.3万—1.8万吨标煤，能耗量不亚于一个大型工厂。与此同时，饭店还时时刻刻都在向周围环境排放大量的烟尘、污水、废热、垃圾等，是实实在在的污染大户。

（2）累积型服务业

累积型服务业是指那些单个服务业的环境影响不大，但从整个服务产业角度，把所有这些服务业集合起来看，就将产生巨大的环境污染的服务业。比如，快餐店、汽车维修服务站、个体诊所等。一个地区如果经营许多的汽车维修服务站，那么对该地区的环境将产生巨大的影响。虽然单个汽车服务站的储油罐渗透、石油外溢、溶剂和其他的危险物质影响很小，但是将它们集合起来影响就十分可怕了。

（3）杠杆型服务业

服务提供者运用他们的市场地位对其消费者或供应者的环境行为施加影响。这种环境影响可以分为影响上游的供给和改变下游的投入，即上游影响和下游影响。这种服务业称为杠杆服务业。上游影响是指服务业可以对其供应者的产品特性和环境产生影响。下游影响是指服务业对其消费者的环境影响，这通常与产品消费有关。比如在旅游业中，上游服务企业为旅行者提供行程安排、联系交通、安排住宿等服务，它们的做法是否环保将关系到产品对环境产生影响的大小。

**2. 间接影响**

服务业的间接影响，是指服务业在行使其管理和服务功能的过程中，由于受传统的单纯追求经济效益思想的引导，对社会经济和公众产生的与环境不协调的生产和消费行为的支持和导向功能。这里举个典型的环境问题影响金融业的例子。一方面，如果融资企业出现了土壤污染和水污染等环境问题，需要支付污染治理费和土地赔偿费，这可能会造成资金短缺而不能按期还款（即产生信用风险），如果是设定了担保的土地被污染的话，则将很难按预期回收而造成担保风险；另一方面，对金融机构来说，环境问题的应对也隐含着新的商业机会，通过对资金的再分配，金融机构也可以间接影响环境，而且金融机构本身因为纸张、电力等能源的消耗也产生了环境负荷。这就是近年来金融机构对环境问题日益关心的原因。许多国外的金融企业也取得了 ISO 14000 的资格认证。服务业的间接影响还体现在以下四个方面。

第一，缺乏对服务业的科学规划与合理布局，特别是在分配性服务功能中，存在商品流通和运输中缺乏统筹的污染控制规划和资源减量化考虑的问题，从而造成资源浪费和环境污染。当前我国服务业发展主要依靠餐饮业、交通运输业等资源密集型产业拉动，而现代金融业、信息业等知识密集型和资金密集型产业发展薄弱。

第二，低效率的产业发展水平不能满足实现资源高效利用的需求，制约了环境保护与经济的协调发展。以消耗系数为例，中国服务业对农业的完全消耗系数为 0.1，日本为 0.03，美国为 0.02，也就是说，中国服务业每增加 100 个单位最终服务产品需完全消耗的农业产品为 10 个单位，而日本和美国分别只有 3 个和 2 个单位。

第三，生产性服务功能发挥过程中，缺少循环经济相关技术、信息服务及其服务替代产品的服务，如租赁、维修、升级换代等。

第四，政府、教育机构和大众传媒对环境保护与资源节约的教育、宣传力度不够，导致民众环境意识淡薄。由于受到自由市场经济的影响，政府把更多的精力投入经济领域，大众传媒引导人们享受物质、时尚的生活，这些无视环境影响的做法是不可持续的。

这些方面虽然没有直接对环境产生不良影响，但由于其涉及领域广、长期被忽视，造成了其他领域的环保努力难以产生期望成果的结果。

## （二）环境对服务业的影响

环境对服务业的发展同样具有重要意义，环境能够带来服务业的经济增长，也能够制约服务业的正常发展。这主要体现在两个方面：第一，环境是服务业发展的基础。自然环境中蕴藏着大量的资源与能源，可为服务业的发展提供源源不断的物质基础。各国环境资源状况的不同，影响着服务业的发展水平；而各种环境资源的差异，又能引导不同国家和地区发挥自身的资源优势，发展各具特色的服务业。第二，环境影响服务业的发展。随着物质生活水平的提高，人们对环境质量的要求也日益提高。人们不再只追求物质方面的满足，也越来越重视精神方面的需求。服务业是为人们提供服务的一种经济，那么良好的外部环境对服务业的发展无疑具有促进作用。旅游业就是最好的例子。例如，我们外出旅游是为了亲近大自然，亲近新鲜的空气和洁净的水源，去欣赏各不相同的地域景观，体验各具特色的风土人情与文化，这些都需要良好的外部环境来支撑。与此相反，恶劣的环境使服务业的发展在倡导环保的今天步履维艰，越来越多的绿色壁垒、环境认证、绿色产品等揭开了生态文明时代的序幕。

# 三 生态服务业建设的主要内容

## （一）生态服务业的含义

生态服务业，是指在充分合理开发、利用当地生态环境资源基础上发展的服务业，是循环经济的有机组成部分，它包括绿色商业服务业、生态旅游业、现代物流业、绿色公共管理服务等。生态服务业发展在总体上有利于降低城市经济资源和能源的消耗强度，发展节约型社会是整个循环经济正常运转的纽带和保障。

## （二）服务生态化建设

中国的服务业必须走低碳化道路，着力发展绿色服务、低碳物流和智能信息化。

### 1. 绿色服务

绿色服务是有利于保护生态环境，有利于节约资源和能源，无污染、无害、无毒，有益于人类健康的服务。绿色服务要求企业在经营管理中根据可持续发展战略的要求，充分考虑对自然环境和人类身心健康的保护，从服务流程设计、服务耗材、服务产品、服务营销、服务消费等各个环节着手。节约资源和能源，防污、降排和减污，以达到企业的经济效益和环保效益的有机统一。

### 2. 低碳物流

物流业是现代服务业的重要组成部分，同时也是碳排放的大户。低碳物流就是要实现物流业与低碳经济的互动支持，通过整合资源、优化流程、实行标准化等措施来实现节能减排。先进的物流方式可以支持低碳经济下的生产方式，低碳经济需要现代物流的支撑。

### 3. 智能信息化

智能信息化是发展现代服务业的必然要求，同时也是服务低碳化的有效途径。服务智能信息化，可以降低服务过程中对有形资源的依赖，将部分有形服务产品通过智能信息化手段转变为软件等，可以进一步减少服务对生态环境的影响。

## （三）生态服务业建设的主要内容

### 1. 服务主体生态化

服务业的服务主体（服务企业）与制造企业一样，在服务产品与设施的设计和开发中需要消耗一定的资源和能源，不可避免地会产生废弃物。有研究者按照循环经济的要求制定了一套服务企业的绿化矩阵，列举出了服务企业可在日常经营活动中实施的绿色实践活动。另外，传统服务业中的贸易市场、百货商场、旅馆饭店、运输企业等服务企业，应该开展诸如工业企业中开展的清洁生产审计、国际环境管理体系认证、环境标志认证、生态文化创建等企业生态化的措施，从企业自身层次上贯彻生态经济理念，实现物质循环流动并抵制污染发生。《中华人民共和国清洁生产促进法》是我国第一部以推行清洁生产为目的的法律，对服务业领域实施清洁生产提出了原则性要求。在该法律的基础上，我国又颁布了《绿色市场认证实施规则》《中国绿色饭店评估细则》等相关行业标准，要求服务业主体开始清洁生产实践，例如，大中型贸易市场或商场采取连锁经营、建设绿色市场、建立市场废弃物回收再生利用机制、扩大市场上商品中带有绿色标志或环境标志产品的比例、用可降解塑料袋替代长期使用的难降解塑料马甲袋、推行包装简单化和绿色化、使用节能电器和节水器具等措施，以促进服务业主体的生态化建设。

### 2. 服务过程清洁化

服务企业通过一定的方式和途径为人们的日常生活提供服务，如贸易市场通过市场建设和招商揽客连接起生产和需求；商场卖场通过各种形式的产品展示和宣传来销售各种生产和生活用品；餐饮企业通过膳食原料的采集、调配和烹饪等工序来满足人们的饮食要求；宾馆旅店通过客户布置、寝食安排、用具供给等为住客提供洗漱、餐饮、休息等生活服务；运输企业通过路线规划、行程安排、车辆使用等提供人员输送或货物配运服务等。由此可见，服务方式和服务途径的选择，是服务企业展示服务质量的重要方面，也是服务企业创建服务品牌的重要内容，更是服务企业生态化建设的重要领地。因此，实现服务途径清洁化，是服务企业实现生态化转型的重要标志之一。不同服务行业中服务途径的清洁化过程不尽相同，在传统的强势服务行业中，批发零售贸易业可以开展绿色营销、进行电子商务、开辟绿色采购通道、引导绿色消费等来创建清洁化的服务途径；餐饮宾馆业可以将开辟绿色客房、开设绿色餐厅、提供打包服务、按顾客意愿提供一次性用具等作为清洁化服务途径的主要形式；交通运输业可以通过发展轨道交通、合理规划行驶路线、使用电动车和混合动力车辆等现代绿色交通工具来实现服务途径的清洁化。因此，各种服务行业必须根据不同的服务特点开展不同形式的服务途径清洁化。

### 3. 消费模式绿色化

（1）绿色消费的含义。绿色消费也称可持续消费，是指一种以适度节制消费，避免或减少对环境的破坏，崇尚自然和保护生态等为特征的新型消费行为和过程。绿色消费不仅包括绿色产品，还包括绿色消费环保购物袋、物资的回收利用、能源的有效使用以及对生存环境及物种环境的保护等。具体而言，它有三层含义：一是倡导消费时选择未被污染或有助于公众健康的绿色产品；二是在消费者转变消费观念，崇尚自然、追求健康、追求生活舒适的同时，注重环保，节约资源和能源，实现可持续消费；三是在消费过程中注重对垃圾的处置，不造成环境污染。绿色消费符合"3E"和"3R"，即经济实惠（Economic）、生态效益（Ecoloical）以及平等、人道（Equitable）；减少非必要的消费（Reduce）、注重重复使用（Reuse）和再生利用（Recycle）。

（2）绿色消费社会背景。自1992年地球高峰会议正式提出"永续发展"主题以来，绿色消费就被视为达成全球永续发展目标的重要工作。绿色是生命的原色，从人类为了生存栽培植物开始，绿色就代表了生命、健康、活力、对美好未来的追求，哪里有绿色哪里就有生命。在这里，"绿色"是一个特定的形象用语，而不仅仅指绿色、有生命的植物，而是指一种自然万物和谐共存的生态环境及其保护、维护、改善，依据"红色"禁止、"黄色"警告，"绿色"通行的惯例，以"绿色"表示合乎科学性、规范性、规律性，有着通行无阻的意义。中国消费者协会确定2001年为"绿色消费"年，提倡"绿色消费"。"绿色消费"年主题的确定基于以下四个方面原因：一是中国"十五"计划提出重视生态建设和环境保护、实现可持续发展的战略目标，实际上也是中国21世纪的发展目标。"绿色消费"正符合这一主旨。二是适应消费需求变化的需要。中国人民生活已达到小康水平，"绿色消费"既是对这一变化的适应，也是对消费者的引导。三是消费维权国际化的需要。它将标志着中国消费者权益保护事业加入了国际消费维权新潮流。四是解决维权热点的需要。不法经营者在食品中加入有害添加剂、装饰材料有害气体超标等，已成为消费维权新热点。"绿色消费"要求经营者向消费者提供的商品或服务符合保障消费者人身健康的要求，要求各级政府和有关部门加强保护消费者健康权益的立法工作。

（3）新时代的绿色消费。当前，良好的生态环境在推动中国经济实现高质量发展中的地位日益突出。改变传统的粗放型发展模式和不可持续的生活方式，逐渐实现绿色生产和消费，形成绿色发展方式和生活方式，是我国构建生态文明体系的重要基础条件。绿色消费成为新时代消费的一个典型特征。2017年5月26日，中央政治局围绕推动形成绿色发展方式和生活方式进行第四十一次集体学习。在主持学习时，习近平就此提出了六项重点任务，其中有一项是倡导推广绿色消费，形成节约适度、绿色低碳、文明健康的生活方式和消费模式。这一理念倡导消费者在与自然协调发展的基础上，进行科学合理的生活消费，保持健康适度的消费心理，弘扬高尚的消费道德及行为规范，并通过改变消费方式来引导生产模式发生重大变革，促进生态产业发展。近年来，随着"绿色消费"观念深入人心，绿色消费逐渐成为人们的一种生活习惯。

# 第二节　生态旅游与生态物流

## 一、生态旅游

### （一）生态旅游概念的提出

"生态旅游"这一概念是由谁最早提出的，目前尚无定论。但大多数观点认为"生态旅游"一词是由国际自然保护联盟特别顾问、墨西哥专家谢贝洛斯·拉斯喀瑞在20世纪80年代初首次提出的。直到1992年联合国世界环境和发展大会召开，在世界范围内提出并推广了可持续发展的概念和原则之后，"生态旅游"才作为旅游业实现可持续发展的主要形式在世界范围内被广泛地研究和实践。

"生态旅游"概念一经提出，世界上很多组织和研究者都从不同的角度对它进行了界定，至今尚未有一个统一认可的定义，对生态旅游的内涵也众说纷纭。不过，关于生态旅游的目标，却得到了基本的认同：生态旅游应该保护自然资源和生物的多样性、维持资源利用的可持续性，实现旅游业的可持续发展。为了更好地实现这一目标，生态旅游应该促进地方经济的发展，唯有经济发展之后才能真正切实地重视和保护自然。同时，生态旅游还应该突出对旅游者的环境教育意义，生态旅游的经营管理者也应该更重视和保护自然。

正如世界旅游组织秘书长弗朗加利在世界生态旅游峰会的致辞中指出的一样，"生态旅游及其可持续发展肩负着三个方面的迫在眉睫的使命：经济方面要刺激经济活力、减少贫困；社会方面要为最弱势人群创造就业岗位；环境方面要为保护自然和文化资源提供必要的财力。生态旅游的所有参与者都必须为这三个重要的目标齐心协力地工作"。

### （二）国际生态旅游实践

生态旅游目前已经成为当今世界旅游业发展的热点，生态旅游的实践区域也在不断扩大，较早发展生态旅游的地区和国家也在实践中积累了丰富的经验。

#### 1. 生态旅游实践的主要地域和内容

非洲是世界生态旅游的重要发祥地之一，野生动物资源为世人瞩目，尤其是南部非洲，是当今国际生态旅游的热点地区，具有代表性的有肯尼亚、坦桑尼亚、南非、博茨瓦纳、加纳等国。在美洲生态旅游较发达的地区是亚马孙河流域，代表国家有哥斯达黎加、洪都拉斯、阿根廷、巴西、秘鲁、智利、美国、加拿大等。在亚洲，最早开展生态旅游活动是印度、尼泊尔和印度尼西亚以及马来西亚等国。此外，英国、德国、日本、澳大利亚的生态旅游也有所发展。这些地区和国家开展的主要生态旅游活动有野生动物参观、原始部落之旅、生态观察、河流巡航、森林徒步、赏鸟、动物生态教育以及原住居民参观等。

**2. 国际生态旅游发展的主要经验**

在生态旅游发展的过程中，以上国家和地区都采取了一系列行之有效的措施，主要做法有以下几点：第一，立法保护生态环境。例如，1916 年，美国通过了关于成立国家公园管理局的法案，将国家公园的管理纳入法制化的轨道；1993 年英国通过了新的《国家公园保护法》，旨在加强对自然景观、生态环境的保护；自 1992 年里约会议以后，日本制定了《环境基本法》；1923 年芬兰颁布了《自然保护法》。第二，制订发展计划和战略。美国在 1994 年制定了生态旅游发展规划，以适应游客对生态旅游日益增长的需求；澳大利亚斥资 1000 万澳大利亚元，实施国家生态发展战略；墨西哥政府制定了"旅游面向 21 世纪规划"，生态旅游是该规划的重点推介项目；肯尼亚政府制定了许多重要的国家发展策略，其中特别将生态旅游视为重点项目。第三，进行旅游环保宣传。在发展生态旅游的过程中，很多国家都提出了不同的口号和倡议，例如，英国发起了"绿色旅游业"运动；日本旅游业协会多次召开旨在保护生态的研讨会，并发表了"游客保护地球宣言"。第四，重视当地人利益。生态旅游发展较早的国家肯尼亚，在生态旅游发展的过程就提出了"野生动物发展与利益分享计划"；菲律宾通过改变传统的捕鱼方式，不仅发展了生态旅游业，同时也为当地人提供了替代型的收入来源。第五，采用多种技术手段加强管理。进行生态旅游开发的许多国家都对进入生态旅游区的游客量进行严格的控制，并不断监测人类行为对自然生态的影响，利用专业技术对废弃物做最小化处理，通过对水资源节约利用等手段来达到加强生态旅游区管理的目的。澳大利亚联合旅游部、澳大利亚旅游协会等机构还出台了一系列有关生态旅游的指导手册。此外，很多国家都实行经营管理的分离制度，实施许可证制度加强管理。

## （三）中国生态旅游的发展与展望

虽然"生态旅游"所阐述的人与自然和谐相处的理念依稀可以在我国古代先哲那里找到思想的源泉，但是，"生态旅游"这一提法，却是完完全全的"舶来品"。生态旅游在我国的发展可以从理论界的研究发展和我国各地实践两个方面来概括。

**1. 关于生态旅游的研究**

虽然旅游与环境这个与生态旅游密切相关的问题早在 20 世纪 70 年代初就引起了我国旅游界的注意，但是"生态旅游"这一概念是经由国外传入我国并逐渐被接受的。直到 1993 年 9 月，在北京召开的第一届东亚地区国家公园和自然保护区会议通过了《东亚保护区行动计划概要》，标志着"生态旅游"概念在中国第一次以文件形式得到确认。1995 年在西双版纳召开了"中国首届生态旅游研讨会"，此次大会由中国旅游协会、生态旅游专业委员会与有关单位共同组织，有 118 位学者出席研讨。会议就生态旅游的定义和内涵、生态旅游与自然旅游保护的关系、如何在生态旅游中开展环境教育、中国生态旅游资源的综合评价和持续利用的总体战略、生态旅游线路的优选等问题进行了研讨，会上还发表了《发展我国生态旅游的倡议》，标志着我国对生态旅游的关注和研究的起点。研讨会后有关生态旅游研究的文章在各个刊物上频频发表，"生态旅游"这一概念在国内迅速被普遍地接受。此后，在近 10 年中，有关生态旅游研究的大量文献和资料都集中在对生态旅游概念的界定、内涵的解释、功能的探讨、特征的描述等基础理论研究方面，很多专家和学者根据中国国情赋予"生态旅游"概念以中国特色。国内出现的"生态旅游"的定义达几十种之多，有些概念和定义还引起了广泛的关注甚至是争议，一时间关于生态旅游内涵众说纷纭。近年来，更多的学者关注对我国生态旅游实践的研究。在对实践的研究上，大致形成了两个热点，一个是对我国开展生态旅游条件的判断和应注意问题的研究，另一个是针对特定区域的生态旅游规划案例研究。

**2. 关于生态旅游的实践**

我国的生态旅游是主要依托于自然保护区、森林公园、风景名胜区等发展起来的。1982 年，我国第一个国家级森林公园——张家界国家森林公园的建立，将旅游开发与生态环境保护有机结合起来。此后，森林公园建设以及森林生态旅游突飞猛进地发展，虽然这时候开发的森林旅游不是严格意义上的生态旅游，但是为生态旅游的发展提供了良好的基础。至 1999 年年初，我国已经建起不同类型、不同层次的森林公园近 900 处。从 1956 年开始建立第一批自然保护区以来，至 1997 年年底，我国共建各类自然保护区 932 处，其中国家级的 124 处，被正式批准加入世界生物圈保护区网络的 14 个。我国共有 512 处风景名胜区，总面积达 9.6 万平方千米。1999 年昆明世博会和 1999 年国家旅游局（现文化和旅游部）的"99 生态环境旅游"主题活动大幅度推进了我国的生态旅游实践。在 1999 年，四川成都借"世界旅游日"主会场之机推出了九寨沟、黄龙、峨眉山、乐山大佛等景点，开发生态旅游产品。随后，湖南张家界国家森林公园举办"国际森林保护节"，推出武陵园等生态旅游区。以湖南和四川为起点，生态旅游逐渐在我国范围内发展起来。在 2001 年对全国 100 个省级以上自然保护区的调查结果显示，已有 82 个保护区正式开办旅游服务，年旅游人次在 10 万元以上的保护区已达 12 个。当前，生态旅游博览会、论坛等相继出现，共同探讨与研究生态旅游创新发展的路径，有力地推动了生态旅游事业的发展。例如，2019 年 3 月 18 日，在位于眉山市岷东新区的眉山樱花博览园，以"绿化全川、樱漫眉山"为主题的 2019 四川"花卉（果类）生态旅游节"主会场暨第三届"眉山樱花节"在东坡故里岷东新区樱花博览园隆重举行开幕式。同日，第三届中国森林健康养生论坛暨生态旅游创新发展推进会在眉山黑龙滩长岛洲际酒店召开。

（1）生态旅游开发实践的主要区域。目前在国内，开放的生态旅游区主要有森林公园、风景名胜区、自然保护区等。生态旅游开发较早、开发较为成熟的地区主要有香格里拉、中甸、西双版纳、长白山、澜沧江流域、鼎湖山、广东肇庆、新疆哈纳斯等地区。按开展生态旅游的类型划分，我国目前著名的生态旅游景区可以分为以下九大类：①山岳生态景区，以五岳、佛教名山、道教名山等为代表；②湖泊生态景区，以长白山天池、肇庆星湖、青海的青海湖等为代表；③森林生态景区，以吉林长白山、湖北神农架、云南西双版纳热带雨林等为代表；④草原生态景区，以内蒙古呼伦贝尔草原等为代表；⑤海洋生态景区，以广西北海及海南文昌的红树林海岸等为代表；⑥观鸟生态景区，以江西鄱阳湖越冬候鸟自然保护区、青海湖鸟岛等为代表；⑦冰雪生态旅游区，以云南丽江玉龙雪山、吉林延边长白山等为代表；⑧漂流生态景区，以湖北神农架等为代表；⑨徒步探险生态景区，以西藏珠穆朗玛峰、罗布泊沙漠、雅鲁藏布江大峡谷等为代表。

（2）我国生态旅游产品的主要类型。早在"99 生态环境旅游年"，当时我国推出的生态旅游的类型主要包括观鸟、野生动物旅游、自行车旅游、漂流旅游、沙漠探险、保护环境、自然生态考察、滑雪旅游、登山探险、香格里拉探秘游、海洋之旅等十几类专项产品，共 193 项，向世界推荐开展生态旅游的森林公园 119 个，《世界遗产名录》中的中国风景名胜区 7 个，中国生物圈保护区 19 个，中国植物园 11 个。1999 年，国家旅游局（现文化和旅游部）同有关部门逐步规划开发、建设了一批生态旅游区，主要类型包括海洋、山地、沙漠、草原、热带动植物等。目前，我国生态旅游形式已从原生的自然景观发展到半人工生态景观，旅游对象包括原野、冰川、自然保护区、农村田园景观等；生态旅游形式包括游览、观赏、科考、探险、狩猎、垂钓、田园采摘及生态农业主体活动等，呈现出多样化格局。

### 3. 关于生态旅游研究与实践的矛盾

虽然生态旅游的实践在不断进行，但是针对我国目前的生态旅游开发，许多专家和学者仍存有异议。大多数研究者认为真正意义上的生态旅游应当把生态保护作为既定的前提，把环境教育和自然知识普及作为核心内容，是一种求知的高层次的旅游活动。首先，在开发经营上，生态旅游是科技含量很高的产业，应该在科学技术的密切参与下运作，要求旅游开发者和经营者必须要对所处地区生态系统的特点非常了解，具有生态环境保护的专门知识。其次，在市场方面，真正意义上的生态旅游要求参与者具有较高的环保意识，并且生态旅游市场多在偏远、生态系统脆弱地区，这决定了生态旅游消费远远高于一般的大众旅游消费。因此，参加生态旅游的旅游者多是文化程度较高、环保意识较强的经济富裕者，与大众旅游形成明显反差。而目前我国很多生态旅游实践并没有达到生态旅游的本质要求，着重强调了生态旅游"认识自然、走进自然"的一面，而忽略了生态旅游"保护自然"的目标，有些生态旅游产品并不是真正意义上的生态旅游产品，而是自然旅游或者是观光旅游的另一种形式，对这种产品的开发要慎重和缓行，否则这样的生态旅游开发必然会引发大量的问题。

### 4. 新时代我国生态旅游的发展

我国的生态旅游是生态文明建设的有效载体和重要抓手，是构建资源节约型和环境友好型社会、发展低碳经济的最佳方式和重要途径，是建设健康中国、美丽中国，实现中国梦的有力支撑和重要内容。生态旅游是以可持续发展为理念，以实现人与自然和谐为准则，以保护生态环境为前提，依托良好的自然生态环境和与之共生的人文生态，开展生态体验、生态认知、生态教育并获得身心愉悦的旅游方式。

近年来人们对生态旅游兴趣的增强反映了一种不断高涨的时代潮流，那就是"亲近自然、感受自然"正成为一种消费时尚。越来越多的旅游者已经不再满足于一般形式的观光游览，而是追求更深层次的旅游体验，并注重参与性，包括诸如野生植物识别、野生动物观察、户外游憩活动、自然和文化传统体验等。

我国生态旅游的发展要坚定不移地走生态优先、绿色发展的道路，以"两山"理论为指导，以全域旅游为抓手，全面推进优质旅游发展。生态文明建设为我国生态旅游的发展提供了强有力的保障。习近平强调，要把解决突出生态环境问题作为民生优先领域，坚决打赢"蓝天保卫战"是重中之重，还老百姓蓝天白云、繁星闪烁。要深入实施水污染防治行动计划，还给老百姓清水绿岸、鱼翔浅底的景象。要持续开展农村人居环境整治行动，打造美丽乡村，为老百姓留住鸟语花香、田园风光。以民生为本的生态旅游发展理念，以及围绕蓝天、治水、土壤、乡村开展的环保行动，必将提升我国生态系统的运行水平，为生态旅游提供良好的发展环境。

# 二 生态物流

## （一）生态物流的定义

生态物流也称绿色物流。关于生态物流概念的界定，不同学者与著述有不同的观点：有学者认为，绿色物流就是对环境负责的物流系统，既包括从原料的获取、产品生产、包装、运输、仓储直至送达最终用户手中的前向物流过程的绿色化，也包括废弃物回收与处置逆向物流；也有学者认为，绿色物流是与环境相协调的物流系统，是一种环境友好而有效的物流系统。美国逆流物流执行委员会在研究报告中对绿色物流进行了定义：绿色物流也称"生态物流"，是一种对物流过程产生的生态环境影响进行认识并使其最小化的过程。我国2001年出版的《物流术语》中这样定义：绿色物流就是在对环境造成危害的同时，实现对物流环境的净化，使物流资源得到充分利用。从这些不同定义中可这样总结：凡是以降低物流过程的生态环境影响为目的的手段、方法和过程，都属于绿色物流的范畴。

## （二）生态物流的全球化背景

### 1. 绿色物流

绿色物流是一个全新的概念，出现在1990年的中期，主要是指抑制物流对环境的危害时，先进的物流技术和设备应减少污染，净化物流环境，提高物流资源的利用。从物流管理角度来说，绿色物流业务主要包括绿色交通管理、绿色包装设计管理、绿色通信与制造、绿色仓储管理、废弃物物流等。从政府角度来说，应采取的措施主要包括以下两方面：一方面，促进绿色物流的立法工作，坚持宪法的法律法规依据与中国的实际相结合的原则，"谁污染谁背负责任；谁使用资源，谁对待废物"，减少消费自然资源、激励使用可再生材料；另一方面，开展相关的绿色认证，扩大环境标志系统。从消费者角度来说，我们必须积极倡导绿色需求、绿色消费和绿色消费行为，强迫企业提高绿色物流的管理。因此，绿色物流不仅是一种物流观念与概念，也是一种可操作的具体方法。

### 2. 敏捷物流

敏捷物流是现代物流发展的更高阶段。

（1）敏捷物流的特点。比起正常的物流，敏捷物流可以适应客户的个人需要，更多地在新的市场条件下提高快速反应能力。敏捷物流的特点是效率高、速度快、成本低。基于一体化的供应链，在满足目标客户需求的同时，它全面采取多种灵活的管理措施和技术，充分利用合作关系和信息共享，提供目标产品，然后用适当的质、适当的量，并运用正确的手段，以满足客户的需要和大型的定制。

（2）敏捷物流的实施。敏捷物流采用五种实施措施：①准时化采购。将所需的材料送到正确的地方，在正确的时间内达到正确的数量和完美的品质。因此，JIT 采购（Just In Time，准时制采购）是敏捷物流的必然选择。②"零库存"管理。它是一种基于信息化管理的模式，使用不同的管理和销售策略，在生产、传播、营销的同时优化库存，提高资本增值速度，以便减少物流成本的措施。③合理分配。确定优化、系统组织具体的项目计划、合作伙伴和管理业务外包，以实现物流的配送。④延迟技术。它是尽量使无差别的产品和服务能统一、规模化地生产的措施。⑤外部资源管理。它主要是对供应商的管理，增加和供应商的信息联系，以及相互合作，建立良好的合作模式。

### 3. 精益物流

精益物流是一个集成的动态物流系统。因为它的守时、严谨与及时性，能够减少总物流成本，缩短时间，减少浪费，所以精益物流提高了效率，有利于确保整个系统的不断完善。精益物流植根于精益生产理念，而采用精益思想来管理物流是物流发展的必要条件。持续改进、精益求精、追求卓越是精益物流的核心。精益物流是一个动态的管理体系，其物流的改进和完善是不断循环的。每次改进都可以消除一些浪费以塑造新的价值。同时，通过不断调整废弃物处理方式，降低物流总成本，逐步减少浪费。

## 第三节　生态服务业绿色发展路径

### 一、聚集发展资源，聚焦重点产业，培育形成经济增长的接续产业

生态服务业涵盖的领域较广，要根据地域优势和产业发展趋势来选择重点产业。选择的思路有三种：第一，目前规模较大、占 GDP 比重较高的产业，如商贸物流、文化创意、休闲旅游等，通过信息技术改造提升，将其培育成主导产业；第二，发展潜力大、成长性高、引领性强的产业，如信息服务、现代金融、科技服务等，积极抢抓机遇，在政策上给予更多支持，促使其不断发展壮大；第三，规模并不大但对一个区域发展有重要支撑作用和战略意义的产业，如公共服务、交通服务等，要重点培育发展，为经济高质量发展提供基础支撑。

### 二、研究产业特点，采取差异化措施，推动各类产业协调发展

产业不同，特点各异，研究制订的发展目标、措施和支持政策也应当不同。比如，生

产服务业是与制造业相辅相成的，是在与制造业互动中成长壮大的，因此促进发展的政策措施要与制造环节紧密结合，以提高产品与产业竞争力。与消费相关的现代服务业成长壮大的路径，则应重点考虑人们的消费特点、趋势等，深入研究消费结构变化，在此基础上采取相应政策，促进产业规模扩大、供给能力提高。基础服务和公共服务业的发展，与政府的服务能力、水平直接相关，要通过推进体制机制改革，提高政务服务质量，营造良好的创新创业环境，促进其更好发展。

## 三　适应发展趋势，强化分工协作，构建协同有序、竞争力强大的产业生态圈

产业生态圈一般包括核心产业、关联产业、支撑产业等，构建产业生态圈是现代产业发展的新趋势。我国要根据自身优势，在商贸物流、旅游会展、文化创意与泛娱乐、大健康等领域构建一批产业生态圈。以商贸物流业为例，要从三个层面整合发展，形成有机联系、竞争力强的产业体系：第一，发展核心产业，包括以商品交易为主要内容的批发零售业，以物流配送、仓储分包为主要内容的物流业，以资金结算为主要内容的金融服务业；第二，发展紧密关联产业，包括商务会展业、房地产租赁业、住宿餐饮业，电子商务、信托、商检、管理、咨询、创意研发、总部经济等商务服务业，以及旅游、娱乐等休闲产业；第三，发展支撑产业，包括教育、医疗、体育、文化、城市交通、供水供电等基础服务与公共服务产业。

## 四　加速整合优化，创新发展模式，做大现代服务业规模、提升整体竞争力

从各地成功的模式来看，推动现代服务业发展壮大应多措并举，具体来说有以下几点：①提升。在对传统服务业改造提升过程中发展壮大现代服务业。利用现代信息技术和管理理念提升传统服务产业，使之成为适应现代经济发展要求的现代服务业。例如，物流业、金融业在充分利用现代信息技术，进行组织创新和技术创新之后，已经成为典型的现代服务业。②分化。将内含在工业和农业中的研发、设计、营销、维修、售后服务等环节分离出来，发展壮大成为重要的现代服务业。分化过程其实也是制造业提升竞争力的过程。许多著名的跨国公司都十分重视分化服务，而且服务所带来的收入占总收入的比重越来越大，例如，IBM（国际商业机器公司）和西门子大约50%的营业额来自销售服务。③催生。适应发展需求"无中生有"，形成新的现代服务业。例如，以移动通信、网络、咨询为主体的信息服务业，依托互联网兴起的远程教育与培训产业，适应现代营销理念兴起的会议展览、国际商务等新兴产业。④整合，通过各种途径的兼并与重组，做大企业规模，提升产业竞争力。要从我国实际出发，对会计、评估、法律服务等中介服务业，监理、担保、装饰等建筑服务业，健康、体育、家政等生活服务业进行整合，培育更多名牌企业、龙头企业。

## 五 搭建高端平台，完善发展载体，营造促进现代服务业发展的良好生态

现代服务业对营商环境敏感度较高，这要求我们适应产业发展需求，聚焦发展短板，创新政策举措，从多个维度营造良好发展环境。第一，完善产业发展载体与园区，进一步提升商贸物流、金融、文化创意园区的服务水平，吸引更多的资源特别是创新资源聚集到园区。同时，积极发展专业服务园区，提升园区实力。第二，制定完善产业规则，将潜在需求变成现实产业市场，关键是制定完善产业规范与规则，如对高端消费、旅游消费、家政、餐饮等产业加强规范引导，促进其健康发展。第三，进一步深化"放管服"改革，推进"互联网+政务服务"，加强政务诚信建设，实现公共服务的便利化，进一步降低企业交易成本。

### 知识链接

#### 广东深圳：加快打造世界级滨海生态旅游度假区

连日来，大鹏新区先后召开党工委（扩大）会议、2019年新区党工委工作会议，全面贯彻落实市委六届十一次全会精神，以"走在前列、勇当尖兵"的标准要求，对标市委全会提出的"十项重点任务"，研究制定抓住"热点"、克服"缺点"、打造"亮点"的思路措施，纵深推进高质量"美丽大鹏"建设，加快打造国际一流、生态优美、环境宜人的世界级滨海生态旅游度假区。

**抢抓粤港澳大湾区建设重大机遇**

新区将充分发挥区位优势、资源优势和后发优势，以"二次创业"的激情全面融入大湾区建设，认真谋划向海发展，加快建设全球海洋中心城市集中承载区，着力搭建深港合作的新平台，努力打造大湾区最亮丽的生态旅游名片，为深圳增强粤港澳大湾区建设核心引擎功能贡献"大鹏力量"。

**构建具有"大鹏特色"的现代产业体系**

创新是引领发展的第一动力，是建设现代化经济体系的战略支撑。深圳为积极谋求在生物、生命科技和产业化方面取得率先突破，在新区布局了坝光国际生物谷，配套了国家基因库、农科院深圳基因组研究所等国家级创新载体。新区将全面加快坝光国际生物谷开发建设，加强与周边区域协作，发挥创新平台作用，做强做优生物、生命科技等产业，加快构建具有"大鹏特色"的现代产业体系，努力打造国际领先的生物科技创新中心、全球知名的生物产业集聚基地。

**持续保障和改善民生**

当前，全省加快构建"一核一带一区"区域发展新格局，全市深入实施"东进、西协、南联、北拓、中优"发展战略，旨在加快提升发展的平衡性和协调性。新区将更加主动对接省市部署，积极在战略通道建设、社会民生保障、绿色产业布局等方面争取更大支持，加快补齐、补优、补强新区发展短板，努力把交通、教育、医疗、文化等群众最盼、最急、最忧、最怨的现实问题一个一个解决好、一件一件办好，不断增强群众的获得感、幸福感和满

意度。同时，处理好历史文化保护与城市更新的关系，推进全域高质量一体化发展。

### 全面加强党的领导和党的建设

干事兴业，关键在党。加快打造世界级滨海生态旅游度假区，必须坚持和加强党的全面领导，坚持党要管党、全面从严治党。新区将继续深入贯彻新时代党的建设总要求，坚持把抓好党建作为最大政绩和"第一天职"，不断提高党的建设质量，以基层党建引领基层治理，把各级党组织锻造得更加坚强有力，为各项事业发展提供坚强保证。同时，不断增强党组织的政治领导力、思想引领力、群众组织力、社会号召力，确保党始终成为新区各项事业的坚强领导核心。

### 探索"绿水青山就是金山银山"的大鹏实践路径

新区将始终坚持保护优先，以最严格的标准保护好新区的"青山绿水"，不断擦亮新区生态文明建设的"金字招牌"。同时，将始终坚持改革创新，把制度建设作为生态文明建设的重中之重，继续在生态文明体制改革上走在全国前列、勇当尖兵，为全国提供更多可供复制推广的经验。始终坚持绿色发展，着力推动生态产业化、产业生态化，以"功成不必在我"的精神境界和"功成必定有我"的历史担当，努力探索出"绿水青山就是金山银山"的大鹏实践路径。2019 年，力争 PM2.5 年均值控制在 $22\mu g/m^3$ 以内，空气质量优良率保持在 98% 以上；污水收集处理率达到 98% 以上，河流水质普遍达到 IV 类以上，70% 达到 III 类以上，近岸海域水质保持 I 类水平；生态环境状况指数（EI）保持全省最优。

（国际园林博览会．广东深圳：加快打造世界级滨海生态旅游度假区．中国园林网，2019.1.24.）

### 思考题

1. 什么是生态服务业？
2. 服务业对环境有哪些影响？
3. 简介生态服务业绿色发展的路径。

# 第七章　生态环境绿色发展

## 第一节　环境与生态系统

### 一、环境

环境是指影响人类生存和发展的各种天然的和经过人工改造的自然因素的总体，包括大气、水、海洋、土地、矿藏、森林、草原、野生生物、自然遗迹、人文遗迹、自然保护区、风景名胜区、城市和乡村等。

环境一般可分为自然环境和社会环境。自然环境又分为原生自然环境和次生自然环境。原生自然环境是指未受人为活动影响的自然环境，包括清洁的、具有正常化学组成的空气、水、土壤、食物、森林、太阳辐射等，这些因素一般对人类的健康是有益的。但某些自然环境会对人类的健康及生存产生不利影响，例如，由于地理地质原因，某些地区的土壤、水、农作物中一些微量元素过多或过少，可引起氟中毒、砷中毒、碘缺乏等疾病；火山爆发、地震等自然现象也会给人类带来巨大的灾害。次生自然环境是指受人类发展活动的影响，原来的地貌和环境发生了某些变化的区域，如次生林、天然牧场等。社会环境是人类社会在长期的发展过程中，为了不断提高人类的物质和文化生活而创造出来的，包括社会制度、经济情况、文化卫生、职业分工等。人类生存的环境是由自然环境和社会环境相互作用而形成的，社会环境好，可以使自然环境对人类发挥更大的作用；反之，则可使自然环境遭到更大的破坏。

### 二、生态系统

#### （一）生态系统的组成

生态，也称生态系统，泛指生物群落及其地理环境相互作用的自然系统，如森林、草原、苔原、湖泊、河流、海洋、农田等。生态系统包括四个基本组成部分：无机环境；生物的生产者——绿色植物；生物的消费者——草原动物和肉食动物；生物的分解者——腐生微生物。生物之间存在食物链（或食物网）的相互联系，例如，太阳能由绿色植物的光合作用转化为生物能，并借食物链（或食物网）流向动物或微生物；水和营养物质（如碳、氧、氢、磷等）也通过食物链（或食物网）不断合成和分解。在环境与生物之间反复进行着生物和地球化学的循环作用。

以生物为核心的能量流和物质循环是生态系统最基本的功能和特征，生态系统内的生物种类组成、种群数量、种群分布与具体的地理环境的联系，构成了各种生态系统的生产力、生物产量以及对环境冲击的自我调节控制，对生态系统的研究关系到合理开发、利用生物资源，以及对自然环境的维持与保护。

## （二）生态系统的平衡

像自然界的任何动态系统一样，生态系统也按照一定的规律发展。它具有一系列的发展阶段，在它的"生活"史中，依次从最初的、简单的、不稳定的阶段，过渡到复杂的、稳定的阶段，向稳定的、成熟的生态系统发展，这是所有生态系统的基本特征。

大量的观察证明，给予足够的时间和环境稳定性，生态系统就朝较大的复杂性进化。当一个生态系统发展到成熟的、稳定的阶段，此时生态系统的组成、结构相对稳定，功能得到发挥，物质与能量的流入、流出协调一致，系统保持高度有序的状态，这种状态就叫生态系统平衡和自然界的平衡。简而言之，生态平衡是指生态系统通过发育和调节所达到的一种稳定状况，它包括结构上的稳定、功能上的稳定和能量输入、输出上的稳定。显然，生态平衡是动态的、相对的，是一个运动着的平衡状态。因为能量流动和物质循环总在不间断地进行，生物个体也在不断地进行更新。在自然条件下，生态系统总是朝着种类多样化、结构复杂化和功能完善化的方向发展，直到生态系统达到成熟的、最稳定状态。当生态系统达到动态平衡的最稳定状态时，它能够自我调节和维持自己的正常功能，并能在很大程度上克服和消除外来干扰，保持自身的稳定性。

## （三）生态平衡的反馈调节

自然生态系统几乎属于开放系统，只有人工建立的、完全封闭的宇宙舱生态系统才可归属于封闭系统。开放系统必须依赖于外界环境的输入，输入一旦停止，系统也就失去了功能。生态系统不仅仅是开放系统，而且是控制系统，其依靠的就是其自身具有的调节功能的反馈机制。所谓反馈，就是系统的输出通过反馈环影响到系统的输入，成为决定系统未来功能的输入。一个系统，如果其状态能够决定输入，就说明它有反馈机制存在。要使反馈系统起控制作用，系统应具有某个理想的状态或位置点，系统就能围绕位置点而进行调节。

反馈分为正反馈和负反馈。负反馈是比较常见的一种反馈，它的作用是使生态系统达到和保持平衡或稳态，反馈的结果是对原始变量的变化产生抑制和减弱。例如，如果草原上的食草动物因为迁入而增加，植物就会因为受到过度啃食而减少，植物数量减少以后，反过来就会抑制动物数量。正反馈是比较少见的，其作用与负反馈相反，即生态系统中某一成分的变化所引起的其他系统变化，不是抑制而是加速最初发生变化的成分所发生的变化，因此，正反馈的作用常常使生态系统远离平衡状态或稳态。在自然生态系统中正反馈的情况不多，以湖泊污染为例，湖水受污染后，鱼类的数量就会因为死亡而减少，鱼体死亡腐烂又会进一步加重污染并引起更多的鱼类死亡。正反馈的作用使污染越来越严重，鱼类死亡速度也会越来越快。可以看出，正反馈往往具有极大的破坏作用，但是它常常是暴发性的，所经历的时间也很短。从长远来看，生态系统中的负反馈和自我调节将起主要作用。地球和生物圈是一个有限的系统，其空间和资源都是有限的，应该考虑用负反馈来管理生物圈及其资源，使其成为能持久为人类谋福利的系统。

# 三 环境污染

## （一）环境污染的危害

人类直接或间接地向环境排放超过其自净能力的物质或能量，会使环境的质量降低，从而对人类的生存与发展、生态系统等造成不利的影响，这种行为就是环境污染的行为。环境污染除了给生态系统造成直接的破坏和影响外，污染物的积累和迁移转化还会引发多种衍生的环境问题，给生态系统和人类社会造成间接的危害，有时这种间接环境效应的危害比当时造成的直接危害更大，也更难消除。例如，温室效应、酸雨和臭氧层破坏就是由大气污染衍生出来的环境效应，这种环境效应具有滞后性，往往在污染发生的当时不易被察觉或预料到，然而一旦发生就表示环境污染已经发展到相当严重的程度。当然，环境污染最直接、最容易让人所感受到的后果是环境质量的下降，影响人类的生活质量、身体健康和生产活动。例如，城市的空气污染造成空气污浊，导致人的发病率上升；水污染使水环境质量恶化，饮用水源的水质普遍下降，威胁人的身体健康，引起胎儿早产或畸形等。严重的污染事件不仅给人们带来健康问题，也会造成社会问题。随着污染的加剧和人们环保意识的提高，由污染所引起的人群纠纷和冲突逐年增加。目前在全球范围内都不同程度地出现了环境污染问题，具有全球影响的有大气环境污染、海洋污染、城市环境问题等。随着经济和贸易的全球化，环境污染也日益呈现国际化趋势，近年来出现的危险废弃物越境转移问题就是这方面的突出表现。

## （二）环境污染的类型

环境污染有多种类型，按环境要素可分为大气污染、水污染、土壤污染等；按污染物的形态可分为废气污染、废水污染、固体废物污染、噪声污染、辐射污染、热污染等；按污染物的来源可分为生产污染、生活污染等；按污染物的分布范围可分为全球污染、区域污染、局部污染等。

## （三）环境污染防治

环境污染防治主要是指针对环境污染主要载体及对象，进行污染预防、治理等活动，具体包括水污染防治、大气污染防治、固体废物污染防治、噪声污染防治、放射性污染防治及其他环境污染物的防治。

环境污染防治的主要目标：①防止大量污染物进入水、大气和土壤系统，破坏人类及生物正常生存环境，保证人体及生物体的生命健康；②恢复水、大气、土壤等自然生态系统的使用功能；③为人类生产、生活提供舒适、安全的自然环境及人工环境。

# 第二节 环境污染的防治

## 一 大气污染

随着工业及交通运输等事业的迅速发展，特别是煤和石油的大量使用，大量有害物质和烟尘、二氧化硫、氮氧化物、一氧化碳、碳氢化合物等气体被排放到大气中，当其浓度超过环境所能允许的极限并持续一定时间后，就会改变大气的正常组成，破坏自然的物理、化学和生态平衡体系，从而危害人们的生活、工作和健康，损害自然资源及财产、器物等，这种现象被称为大气污染。目前，大气污染已成为影响和制约可持续发展和现代化建设不可忽视的因素。造成大气污染的原因有自然方面的因素，但大部分都是人为因素造成的，其中燃料的使用是大气中二氧化硫和氮氧化物的主要来源，机动车排放的尾气是氮氧化物的主要来源，工业是扬尘源之外 PM10（通常指空气动力学当量直径在 10 微米以下的颗粒物，又称可吸入颗粒物或飘尘）的最大来源。

### （一）大气污染物的种类

大气污染物的种类很多，已发现有危害作用而被人们注意到的有 100 多种，其中大部分是有机物。依据大气污染物的形成过程，可以将其分为：①一次污染物，是直接从各种污染源排放到大气中的有害物质，如二氧化硫、氮氧化物、一氧化碳等；②二次污染物，是一次污染物在大气中相互作用或它们与大气中的正常组分发生反应所产生的新污染物，常见的有硫酸盐、硝酸盐等。二次污染物与一次污染物的化学、物理性质完全不同，多为气溶胶，具有颗粒小、毒性大等特点。

### （二）大气污染的防治技术

大气污染物依据形态不同分为颗粒污染物和气态污染物，其防治技术也是依据污染物的形态而相应展开的。

#### 1. 颗粒污染物的防治技术

大气中的烟尘主要是由固体燃料产生的，根据烟尘的特性，可以将其分为粉尘、烟雾等类型。去除大气中颗粒污染物的方法很多，根据作用原理，可以分为以下四种类型。

（1）机械式除尘法。机械式除尘法主要有三种：①惯性除尘。它是利用粉尘与其他物质在涌动中的惯性力不同，从而使粉尘从气流中分离出来的方法。其操作原理是含尘气流冲击在挡板上，使气流的方向发生急剧改变，气流中的尘粒惯性大，不能同气流同步转弯而与气流分离。惯性除尘器可直接安装在风道导航，而且其结构简单、阻力小，但是不适合去除可吸入颗粒物，多作为初级除尘设备。②旋风除尘。它是利用旋转的含尘气流所产生的离心力，将颗粒污染物从气体中分离出来的方法。旋风除尘器具有结构简单、占地面积小、投资低、操作维修方便、压力损失中等、动力消耗不大等特点，可用于各种材料制造，能用于高温、高压及具有腐蚀性气体除尘，具有直接回收颗粒物的优点。③声波除尘。它是利用声波发生器发生的声波使含尘气体受到震动，尘粒在声波的作用下产生共振，由于震动的大小因尘粒颗粒粒径的不同而异，因此引起尘粒之间的相互碰撞，小颗粒通过碰撞凝聚成大颗粒而沉降下来，未沉降的颗粒由其他设备去除的方法。声波除尘器对于去除小粒径颗粒的污染物具有一定的作用，但由于其能耗大、运转费用较高，同时能产生噪声污染，故现已较少使用。

（2）湿法。湿法除尘是利用水和其他液体形成液网、液膜或液滴，与尘料发生惯性碰撞、扩散、黏附、扩散漂移与热漂移、凝聚等作用，使尘粒湿润并从废气中分离出来的方法，该法兼有吸收气态污染的作用。湿法除尘的优点：具有同时去除颗粒污染物和气态污染物两种污染物的功效；除尘效率高，投资较其他除尘设备低；可处理高温气体及黏性尘粒和液滴。但是，其产生的废液和泥浆需二次处理，金属设备易被腐蚀、不耐寒。常用的设备有喷雾塔、调料塔、泡沫除尘器、文丘里洗涤器等，除尘方式有气体洗涤、泡沫除尘等。

（3）过滤法。过滤法除尘是一种使含有颗粒污染物的气体通过具有很多毛细孔的滤料而将颗粒污染物截留下来的方法，如填充层过滤、布袋过滤等。常用的设备有颗粒层除尘器和袋式除尘器。目前，过滤式除尘器可分为内部过滤式和外部过滤式两种，颗粒层除尘器属于内部过滤式；袋式除尘器属于外部过滤式，粉尘在滤料表面被截留，对于粒径为0.5微米的尘粒，捕集率高达98%—99%，适合于去除气体中的可吸入颗粒物。

（4）静电法。静电法除尘是使含有颗粒污染物的气体通过高压电场，在电场力的作用下使其去除的方法。静电法除尘可以捕集一切细微粉尘及雾状液滴，捕集颗粒粒径在0.01—100微米；若粉尘粒径大于0.1微米，除尘效率可达99%以上。常用的设备有干式静电除尘器和湿式静电除尘器。静电除尘的优点：风机的动力损耗少，所消耗的电功率小；适用范围广，不受温度和压力的限制。但是，静电除尘法的使用也有其局限性，其缺点主要包括设备造价高、钢材消耗量大、需要高压变电及整流设备等。

**2. 气态污染物的防治技术**

处理大气污染中的气态污染物的方法有吸收、吸附、冷凝、生物降解、燃烧和催化转化等，其选用取决于有机污染物的性质、浓度、净化要求和经济性等因素。

（1）吸收法。吸收法是利用气体液体的溶解度不同这一特点，以分离和净化气体混合物的一种技术。该技术可用于气态污染物的处理，例如，从工业废气中去除二氧化硫、氮氧化物、硫化氢、氟化物等有害气体。吸收法可分为化学吸收和物理吸收两大类。化学吸收是被吸收的气体组分和吸收液之间产生明显的化学反应的过程，如用碱液吸收烟气中的二氧化硫、用水吸收氮氧化物等。物理吸收是被吸收的气体组分与吸收液之间不产生明显的化学反应，仅仅是被吸收的气体组分溶解于液体的过程，如用水吸收醇类和酮类物质。

（2）吸附法。吸附法是利用多孔性固体吸附剂处理气态污染物，以去除其中的一种或多种组分的方法。在分子引力或化学键的作用下，污染物被吸附在固体表面，从而达到分离的目的。吸附处理工艺也可以用于处理气态污染物。常用的固体吸附剂有骨炭、硅胶、矾土、沸石、焦炭和活性炭等，其中应用最为广泛的是活性炭。活性炭纤维是一种多孔性纤维吸附材料，具有成形好、耐酸碱、具导电性和化学稳定性等特点。

（3）催化转化法。针对汽车尾气的排放，可在汽车上安装催化器，使尾气从气缸中排出后进入催化器。在催化剂的作用下，尾气中的一氧化碳和氮氧化合物会被氧化为二氧化碳和水，从而净化尾气中的污染成分。例如，柴油机的氧化催化转化器通过去除固体颗粒物中的溶解性有机组分以达到降低颗粒排放物的目的，同时会进一步降低一氧化碳和碳氢化合物的排放量。氧化催化转化器既可以单独使用，也可以与其他后处理器技术、机内净化技术共同使用，而且氧化催化剂不需要再生，维护简单，是目前使用最广泛的后处理技术。

（4）燃烧法。用燃烧法可以把废气中的有害成分转化为无害物质。燃烧法分为直接燃烧法、热力燃烧法和催化燃烧法三种。这里仅对热力燃烧法和催化燃烧法予以介绍。热力燃烧法用于可燃有机物质含量较低的废气的净化处理，这类废气本身不能燃烧，其中的可燃组分燃烧后放出的热量低，为了达到有害气体燃烧所需的温度，可通过对废气增加辅助燃料来供热。催化燃烧法是使废气中的有机物在适宜的温度和燃烧催化剂的作用下与氧气发生氧化作用，生成水和二氧化碳。

（5）冷凝法。冷凝法是利用物质在不同温度下具有不同饱和蒸汽压的性质，通过改变压力，使易于凝结的有害气体污染物冷凝成液体并从废气中分离出来的技术。

（6）生物法。生物法是利用微生物将废气中的有害组分转化成少害或无害组分的技术。用生物法净化低浓度工业废气，是一种工业废气净化的新方法，生物净化反应器涉及气、液/固相传质、菌种性能、生物膜内扩散以及生物化学降解等过程，影响因素多而复杂。为了使净化效果达到最佳，培育、循环废气，净化专用微生物菌种就显得十分重要了。

除了上述大气污染防治技术外，还有一些新兴技术被研发出来，如电子束法烟气脱硫脱氮技术等。电子束法烟气脱硫脱氮的反应机理：电厂排烟中的氮气、氧气和所含水分经高能电子束辐照后产生大量的 OH、O、$HO_2$ 等氧化自由基，它们与烟气中的二氧化硫和氮氧化物反应并生成硫酸和硝酸，这些雾状的硫酸和硝酸与注入反应器中的氨相互作用，产生白色粉状的硫铵和硫氨氮，硫氨和硫氨氮作为最终副产物，是一种农用化肥。电子束法属于干式脱除气体法，可有效地脱除二氧化硫和氮氧化物，两者的脱除率分别达95%和84%，且操作简单可靠。

### （三）大气污染的综合防治措施

大气污染控制涉及环境规划管理、能源利用、污染防治等许多方面。由于各地区的大气污染特征、条件以及大气污染防治的方向和重点不尽相同，其具体措施一要全面规划，合理布局，将总量控制法应用于大气污染控制；二要改善能源结构，提高能源的有效利用率，实行区域集中供热；三要控制流动源排放；四要采取生态防治措施；五要完善立法，严格监督管理。

# 二 土壤污染

当人类活动所产生的污染物通过多种途径进入土壤生态系统，其数量和速度超过土壤的容纳能力和土壤的净化速度时就会产生土壤污染。

## （一）土壤污染的类型

土壤污染的特征与土壤所处的地位和功能相联系，其污染物主要来自两个方面：第一，人为污染源，主要来自工业和城市的废水和固体废物、农药和化肥、牲畜排泄物、生物残体及大气沉降物等；第二，自然污染源，在某些矿床或物质的富集中心周围经常形成自然扩散圈，从而使其附近土壤中某些物质的含量超出正常范围而造成污染。

土壤污染源是十分复杂的，因此土壤污染物的种类也极为繁多，有化学污染、物理污染、生物污染和放射性污染等，其中以土壤的化学污染最为普遍、严重和复杂。化学污染物质可以分为两大类：第一类，无机污染物和有机污染物。无机污染物包括对生物有危害作用的元素和化合物，主要是重金属（如汞、镉、铅、铜、锌等）、放射性物质（如氟、酸、碱盐等）、营养物质和其他无机物质等；有机污染物主要是化学农药（目前在世界范围内大量使用的农药有 50 余种），此外还有石油、多环芳烃、多氯联苯、甲烷等。第二类，生物类污染物，如肠细菌、炭疽杆菌、蠕虫等生物侵入土壤会引起污染。

## （二）土壤污染的防治

对于土壤污染，必须贯彻"预防为主、防治结合"的环境保护方针。要控制和消除污染源，并在防治土壤污染时充分利用土壤的净化能力；对已经污染的土壤要采取一切有效措施，消除土壤中的污染物，控制土壤中污染物的迁移转化，阻止其进入食物链。

### 1. 控制和消除土壤污染源

控制和消除土壤污染源是防治土壤污染的根本途径。具体要做到：第一，控制和消除工业"三废"的排放，控制污染物排放的数量和浓度，使之符合排放标准。第二，加强土壤污灌区的监测和管理。第三，控制化学农药的使用，禁用或限用剧毒、高残留性农药，使用高效、低毒、低残留农药，发展生物农药，并根据所使用农药的特性，确定使用农药的安全间隔期。第四，合理使用化学肥料。

### 2. 增加土壤容量和提高土壤净化能力

增加土壤有机物质的含量，增加和改善土壤胶体的种类和数量。

### 3. 其他防治土壤污染的措施

具体做到：第一，施加抑制剂。对重金属轻度污染的土壤施加抑制剂，以改变重金属污染物质在土壤中的迁移转化方向，减少重金属向植物体内的转移。常用的抑制剂有石灰、磷酸盐、硅酸钙等。第二，控制土壤氧化还原的条件。研究表明，在水稻抽穗到成熟期间，无机成分大量向穗部转移，淹水可以明显地抑制水稻对镉的吸收，落干则能促进水稻对镉的吸收，提高糙米中镉的含量。除镉外，铜、铅、锌等元素均能与土壤中的硫化氢反应而产生硫化物沉淀。因此，加强水浆管理可有效地减少重金属的危害。第三，改变耕作制度。改变耕作制度，改变土壤环境条件，可以消除某些污染物的毒害。农药在旱田中降解速度慢，积累明显，残留量大，而在水田中降解加快。利用这一性质实行旱田改水田或水旱轮作，就能减轻或消除这些农药的污染。第四，客土深翻。对于重金属或难分解的化学农药严重污染的土壤，在面积不大的情况下可采用客土换土法，但对换出的污染土壤必须妥善处理，防止次生污染。这种办法对局部受放射性污染的土壤是可行的。此外，也可将表层的污染土壤深翻到下层，以不影响作物根系发育为限，这样不致污染作物。但是，要注意防止对地下水的污染。

# 三　水污染

## （一）水污染及其分类

水污染是指水体因某种物质的介入而导致其化学、物理、生物或者放射性等方面特性的改变，从而影响水的有效利用，危害人体健康或者破坏生态环境，造成水质恶化的现象。水污染有两类，一类是自然污染，另一类是人为污染。当前，对水体污染较大的是人为污染。水污染可根据污染物质的不同而分为化学性污染、物理性污染和生物性污染三大类。水污染主要是由人类活动产生的污染物所造成的，主要有工业污染源、农业污染源和生活污染源三种污染源。

### 1. 工业污染源

工业废水为水域的重要污染源，其具有量大、面广、成分复杂、毒性大、不易净化、难处理等特点。

### 2. 农业污染源

农业污染源包括牲畜粪便、农药、化肥等。农业污水中，一是有机质、植物营养物及病原微生物含量高；二是农药、化肥含量高。我国是世界水土流失最为严重的国家之一，大量的水土流失使大量农药、化肥随表土流入江河、湖泊、水库等水源，氮、磷、钾等营养元素随之流失，使2/3的湖泊受到不同程度富营养化污染的危害，造成藻类及其他生物异常繁殖，引起水体透明度和溶解氧的变化，从而导致水质恶化。

### 3. 生活污染源

生活污染源主要是城市生活中使用的各种洗涤剂和污水、垃圾、粪便等，多为无毒的无机盐类。生活污水中含氮、磷、硫等元素较多，含致病菌也比较多。

## （二）水污染的防治措施

水污染防治主要包括预防和治理两方面。

**1. 水污染的预防**

（1）预防原则。主要有四点：第一，坚持环境优先。将环保要求作为开展各类经济活动的前提，在制定城市建设、土地利用、区域产业布局、产业结构调整等重要决策时，要充分考虑环境与资源的承载能力，相关规划要与环保规划相协调。第二，确保饮水安全。建立健全饮用水安全保障体系，打击危害饮用水源地环境安全的违法行为，严防有毒有害物质进入水体，尽快解决农村群众饮水、用水难的问题。第三，明确目标责任。根据各流域经济社会发展水平和自然生态状况，采取"一河一策"的办法，有针对性地确定不同流域的防治目标和防控重点，并落实工作责任。对于跨行政区的河流，要严格实行界面考核的办法，落实治污责任，实行奖惩机制。第四，强化系统管理，实行工业、农业、生活污染的全面治理，上游、中游、下游协调发展，生产、生活和生态用水合理分配，使河流始终充满生机与活力，实现人水和谐。

（2）预防措施。预防措施具体有六个：第一，从严控制各类污染物的排放。对未完成总量控制任务的地区实行区域限制。第二，深化工业污染治理。加强对重点工业污染源的监控，加快安装自动监控装置并做好联网工作。实行持证排污制度，未获许可的排污单位不得生产，对未达到排放许可证规定的要限产限排。第三，加强面源污染防治，大力实施乡村清洁工程，逐步推广城乡统筹的垃圾处理模式。优化农村生活用能结构，因地制宜地处理农村生活污水，逐步减小化肥、农药施用量。根据河流环境的承载能力确定禽畜养殖规模，科学规划禁养、限养区域。第四，提高城镇污水处理水平。所有新建、在建污水处理厂要配套脱氮工艺，已建污水处理厂要限期完成脱氮改造。同时，完善污水处理收费政策。第五，加强饮用水源地保护。第六，统筹协调水资源开发利用与环境保护。合理开发利用水资源，对各类水利工程进行科学论证。

**2. 水污染的治理**

现代水处理技术按原理可分为物理处理法、化学处理法、物理化学处理法和生物化学处理法等，按处理程度可分为一级处理、二级处理和三级处理。

（1）物理处理法。常见的有格栅和筛网、沉淀法、气浮法。第一，格栅和筛网。格栅是用来取出可能阻塞水泵机组及管道阀门的较粗大悬浮物，并保证后续处理设备正常运行的；筛网则相当于初级沉淀池。第二，沉淀法。它是利用水中悬浮颗粒的可沉降性能，在重力作用下产生下沉作用，以达到固液分离的一种过程。常见的沉淀设施包括沉沙池和沉淀池。沉沙池是以重力分离为基础，将进入沉沙池的污水流速控制在只能使比重大的无机颗粒下沉而使有机悬浮颗粒随水带走的程度。沉沙池可以分为平流式、竖流式和曝气式三种。沉淀池的类型有平流式、竖流式及辐流式三种，为提高沉淀池的沉淀效果，可采用的有效途径包括斜流沉淀池，对污水进行曝气搅动，以回流部分活性污泥。第三，气浮法。气浮法是一种有效的"固—液"或"液—液"分离方法，常用于密度接近或小于水的细小颗粒的分离。气浮处理技术是将空气以微小气泡的形式通入水中，使微小气泡与水中悬浮的颗粒黏附，形成"水—气—颗粒"三相混合体系，颗粒黏附在气泡上后，密度小于水的即上浮水面，从水中分离出去，形成浮渣层。

（2）化学处理法。常见的有化学混凝法、中和法、化学沉淀法及氧化还原法，其原理是利用化学反应的作用取出水中的杂质。它的处理对象主要是污水中无机或有机的溶解物质或胶体物质。

（3）物理化学处理法。常见的有吸附法、离子交换法、萃取法和膜析法，其原理是利用物理、化学的原理和化工单元操作去除水中的杂质。它的处理对象主要是水中无机或有机的溶解物质和胶体物质，尤其适合于处理杂质浓度很高的污水或杂质浓度很低的废水。

（4）生物化学处理法。常见的有好氧生物处理法、厌氧生物处理法。好氧生物处理法是在有游离氧存在的条件下，将好氧微生物降解为有机物，使其稳定、无害化的处理方法。好氧生物处理法的反应速度较快，所需的反应时间较短，故处理构筑物容积较小，且处理过程中散发的臭气较少。目前对中、低浓度的有机废水，基本上采取好氧生物处理法。厌氧生物处理法是在没有游离氧存在的条件下，将兼性细菌与厌氧细菌降解为有机物，使其稳定、无害化的处理方法。在厌氧生物处理过程中，复杂的有机化合物被降解、转化为简单的化合物、并释放出能量。厌氧生物处理过程不需要外加氧源，所以运行费用较低。此外，它还具有剩余污泥量少、可回收能量等优点。其主要缺点是反应速度较慢、反应时间较长、处理构筑物容积大等。对有机污泥和高浓度的废水，可采用厌氧生物处理法。最早的厌氧生物处理构筑物是化粪池，近年来开发了有氧生物滤池、厌氧接触池、上流式厌氧污泥床反应器、分段消化池等。

## 四　固体废物污染

固体废物一般是指人类在生产、流通、消费以及生活等过程中，提取目的组分后废弃的固态或泥浆状物质。固体废物大部分来自人类生产活动的各个环节，其中也包括各种废物处理设施的排弃物，其余则来自人类的生活活动，包括生活垃圾、粪便等。固体废物有多种分类法，按其化学性质可分为有机废物和无机废物，按其危害状况可分为有害废物和一般废物，按其形状可分为固体（颗粒状、粉状、块状）废物和泥状（污泥）废物。为便于管理，通常按来源将其分为矿业固体废物、工业固体废物、城市垃圾、农业废弃物和放射性废物五类。随着经济的不断发展，工业生产的规模不断扩大，人们生活水平不断提高，当今的废物排放量也与日俱增。

随着经济的高速发展，固体废物对人类环境的危害不但是严重的，而且是多方面的，在某种程度上甚至超过了废水和废气，它不仅会侵占大量土地，污染环境，破坏地貌、植被和自然景观，甚至可能造成燃烧、爆炸、接触中毒、严重腐蚀等特殊侵害，还会对人们的健康构成潜在的威胁。因此，固体废物污染的防治具有非常重要的意义。

### （一）固体废物污染的防治原则

**1."三化"原则**

（1）减量化原则。减量化就是采取合适的管理和技术手段，减少固体废物的产生量和排放量，包括源头减量和回收利用两方面，以减少最终处置量。减量化要求不只是减少固体废物的重量和体积，还包括尽可能地减少其种类，降低危险废物中有害成分的浓度，减轻或消除其危险性。

（2）资源化原则。资源化就是采取管理和工艺措施，从固体废物中回收物质和能源，包括物质回收、物质转换和能量转换三个方面。

（3）无害化原则。无害化就是对已经产生但又无法或暂时无法进行综合利用的固体废物，通过物理、化学或生物方法，对其进行环境无害或低危害的安全处理、处置，达到消毒或稳定化，以防止、减少或减轻固体废物的危害。

### 2. 全过程管理原则

全过程管理原则也称"从摇篮到坟墓"原则，即对废物的产生、收集、运输、利用、储存和处置过程中的各个环节都实行控制管理和开展污染防治。

### 3. 循环经济下的固体废物污染防治原则

循环经济是一种以物质闭环流动为特征的经济发展新模式，它一改传统的以单纯追求经济利益为目标的线性经济发展模式（资源—产品—废物），运用生态学规律指导人类社会的经济活动，使物质和能源在"资源—产品—废物—资源"的封闭循环中得到最大限度的利用，并把经济活动对自然环境的影响降到尽可能小的程度，形成"低开采、高利用、低排放"的新型经济发展模式，实现可持续发展所要求的环境与经济的双赢。在固体废物污染控制方面，循环经济理念主要是赋予政府责任，为推进固体废物循环利用创造基础。

## （二）固体废物污染的防治技术

固体废物污染的防治技术主要有预处理技术、生物处理技术、热处理技术、固化稳定化处理技术及填埋处置技术等。

### 1. 预处理技术

为了使物料性质满足后续处理或最终处置的工艺要求，提高固体废物资源回收利用的效率，往往对固体废物进行预先处理。固体废物预处理技术主要包括压实、破碎和分选。处理工艺不同，对固体废物预处理的目的也不同：对于以填埋为主的废物，压实可以减少运输过程中的运量和运输费用，在填埋时可以占用更小的空间或体积；对于以焚烧和堆肥为主的废物，可以进行破碎、分选，以使物料度均匀，有利于焚烧的进行，也有利于堆肥的效率；对废物进行资源的回收时，需要进行破碎、分选等处理，以实现不同的物料分别回收利用。

（1）压实。压实是指通过外力加压于松散的固体物质，以缩小体积、增加密度的一种操作方法，其目的是减少固体废物的运输和处理体积，从而减少运输和处置费用。常用的压实设备有固体定式压实器（在收集站或中间转运站使用）和移动式压实器（常安装在压实卡车上）。

（2）破碎。破碎是指利用外力克服固体废物间的内聚力，使大块废物分裂成小块的过程。常用的破碎方法有冲击破碎、剪切破碎、挤压破碎、摩擦破碎等。此外，还有低温破碎和湿式破碎两种专用破碎方法。低温破碎是指利用塑料、橡胶类废物在低温下催化的特性进行破碎，湿式破碎是指将固体废物通过加湿处理后再破碎。固体废物常用的破碎机械有冲击式破碎机、剪切式破碎机、颚式破碎机、辊式破碎机等，专用的破碎机有湿式破碎机、低湿破碎机等。

（3）分选。分选是指通过一定的技术将物料分成两种或两种以上的物质，或分成两种或两种以上的粒度级别。通过分选可以将有用的成分选出来加以利用，将有害的成分分离出来，防止其损害处理、利用的设备或设施。常用的分选方法有筛分、重力分选、浮选、磁选、电选。①筛分。它是利用筛子将松散的固体废物分为两种或多种粒度级别的分选方法。②重力分选。它是根据固体颗粒间密度的差异，以及在运动介质中所受重力、流动动力和其他机械力的不同而实现按密度分选的过程。根据分选介质和作用原理上的差异，重力分选可分为风力分选、重介质分选、挑汰分选、溜槽分选、摇床分选等。③浮选。它是依据各种物料的表面性质的差异，在浮选机的作用下，借助于气泡的浮力，从物料悬浮中分选物料的过程。浮选的关键是要使物料的颗粒吸附于气泡。浮选所分离的物质与其密度无关，主要取决于表面特性的差异。④磁选。它是利用固体废物中各种物质的磁性差异，在不均匀磁场中进行分选的方法。⑤电选。它是利用固体废物中各组分在高压电场中导电性的差异而实现分选目的的一种方法。

**2. 生物处理技术**

生物处理是将固体废物中的可降解有机物转化为稳定产物、能源和其他有用物质的一种处理技术。生物处理的作用可以概括为稳定化、消毒杀菌、废物减量化和回收物质四个方面。生物处理的方法有多种，主要有堆肥法、厌氧消化法等。

（1）堆肥法。堆肥法是指依靠自然界广泛分布的微生物，有控制地促进可被生物降解的有机物转化为稳定的腐殖质的生物化学过程。堆肥法得到的产物称为堆肥。能用堆肥法技术进行处理的废物包括庭院垃圾、有机生活垃圾、有机剩余污泥和农业废弃物等。堆肥产品要达到稳定化后才能认为堆肥过程已经结束，其判定标准是腐熟度。国内外的研究人员提出了很多关于腐熟度的评价指标和参数，如物理堆肥产品的温度、颜色、气味、密度等，化学堆肥的氮化合物法、淀粉—碘测试法、腐殖质测定等，生物活性法的耗氧速率，植物毒性法的种子发芽试验、植物生产试验等，但目前还没有一种比较完善且标准的腐熟度判定方法。

（2）厌氧消化法。厌氧消化法是指在厌氧微生物的作用下，有控制地使废物中可降解的有机物转化为甲烷、二氧化碳和稳定物质的生物化学过程。由于厌氧消化法可以产生以甲烷为主要成分的沼气，故又将称为甲烷发酵。厌氧消化法最初的工业应用是作为粪便和污泥的减量化和稳定化手段，它可以去除废物中30%—50%的有机物，并使之稳定。厌氧消化工艺主要包括低固体厌氧消化和高固体厌氧消化。低固体厌氧消化工艺在固体浓度等于或少于4%—8%的情况下，有机物被发酵，消化污泥在处置之前需要脱水。高固体厌氧消化工艺的总固体浓度在20%以上，是一种相对较新的技术，目前大规模运行的经验有限。

### 3. 热处理技术

热处理技术是指在设备中以高温分解和深度氧化为主要手段，通过改变废物的物理、化学、生物特性或组成来处理固体废物的过程。常用热处理技术有焚烧、热解等。

（1）焚烧。固体废物的焚烧是一种高温热处理技术，以一定量的过剩空气与被处理的有机废物在焚烧炉中进行氧化燃烧反应，使废物中的有害物质在高温下氧化、热解而被破坏。焚烧是一种可同时实现无害化、减量化、资源化的处理技术，其优点是减容效果好，消毒彻底，能回收能量；缺点是投资和运行费用高，操作复杂、严格，工作人员技术水平要求高，会产生二次污染，如硫氧化物、氮氧化物、盐酸、飞灰等。焚烧不但可以处置城市垃圾和一般工业废物，而且可以用于处置危险废物。在焚烧炉的操作运行过程中，焚烧温度、停留时间、湍流速度和过剩空气量是四个最重要的影响因素，而且各因素间相互依赖。一个完整的固体废物焚烧系统通常由许多装置和辅助系统组成。目前，国际上通用的三大焚烧系统包括机械炉床混烧焚烧炉、旋转窑式焚烧炉、流化床式焚烧炉。

（2）热解。固体废物的热解就是在无氧或少氧的条件下把固体废物加热至 800~1000℃，使有机物降解而获得多种可燃物，包括可燃气体、有机液体和固体残渣的处理过程。固体废物热解技术除了能够实现减少废物的体积与重量、矿化有机成分、分解污染物、高温杀菌、获得能源、进行物质再利用等传统的固体废物焚烧技术能达到的目标外，还可以使资源能源利用率更高、环境污染更小。如果被热解处理的固体废物中塑料和橡胶的含量比较大，则回收的液体产品占总装料量的百分比就要高于一般垃圾热解时回收液体的百分比。

### 4. 固化稳定化处理技术

危险废物的固化稳定化处理技术，是通过化学或物理方法，使有害物质转化成物理或化学特性更加稳定的惰性物质，以降低其有害成分的浸出率，或使之具有足够的机械强度，从而满足再生利用或处置要求的技术方法。目前常用的固化稳定化方法主要包括水泥固化、石灰固化、塑性材料固化、有机聚合固化、自胶结固化、熔融固化、化学药剂稳定化等。

### 5. 填埋处置技术

填埋处置是固体废物全面管理的最终环节，它解决的是固体废物的最终归宿问题。土地填埋是目前应用最广泛的固体废物的最终处置方法，根据处置对象的性质和填埋场的结构形式，填埋场可分为卫生填埋和安全填埋两种，前者主要处置城市垃圾等一般固体废物，后者主要以危险废物为处置对象。

与其他处理方法相比，填埋处置的优点是单位投资与处理成本低，处理量具有弹性，管理相对简单，操作容易，对废物成分要求低，适合长期贮存与最终处置；缺点是占地面积大，渗滤液处理难度大、费用高，填埋场一般在城市以外或郊区，运输成本高等。

（1）填埋场厂址选择。填埋场厂址选择是建设填埋场最重要的一步。影响填埋场选址的因素很多，主要应遵循以下原则：①环境保护原则。这是选址的基本原则，应确保其周边生态、水、大气及人类生存环境的安全，尤其应防止渗滤液污染地下水。②经济原则。合理地选址能达到降低工程造价、提高资金使用效率的目的。③法律及社会支持原则。不能破坏和改变周围居民的生产、生活基本条件，要得到公众的支持。④工程学及安全生产原则。必须综合考虑厂址地形、地貌、水文和工程地质条件，此外，还要考虑抗震防灾、交通运输、覆盖土源、文化保护等因素。

（2）填埋场防渗系统。防渗系统的作用是将填埋场内外隔绝，防止渗滤液进入地下水，阻止场外地表水、地下水进入垃圾体以减少渗滤液的产生量，以利于填埋气体的收集和利用。防渗方式一般分为天然防渗和人工防渗两种，人工防渗又分为垂直防渗和水平防渗。

（3）渗滤液控制技术。填埋场渗滤液的控制包括渗滤液产生量的控制、渗滤液收集排放系统的设置及渗滤液的处理三个方面。渗滤液的主要来源主要有降水、地表径流、地下水、废物自身所含水分、废物分解产生的水分。可以通过设置周边排洪沟、渗滤液收集排放系统、衬层系统、地下水导排系统等控制地表水、地下水进入填埋场，以控制渗滤液的产生量。垃圾渗滤液的处理方法包括物化法和生物法，物化法主要有活性炭吸附、化学混合沉淀、Fenton 氧化、电化学氧化、吹脱、电子交换、膜渗析、气提等，生物法分为好氧生物处理、厌氧生物处理以及两者的结合。

（4）填埋场气体控制技术。填埋场的气体控制主要包括收集、焚烧处理和回收利用。常用的填埋集气系统包括主动集气系统和被动集气系统，主动集气系统采用抽真空的方法来控制气体的运动，被动集气系统利用填埋场内气体产生的压力进行迁移。填埋气体的回收利用方式主要有直接作为燃料使用、发电、回收有用组分等。对填埋气体进行回收利用前，一般要进过加压、脱水、脱硫等预处理。在填埋气体不具备回收利用条件时，应首先考虑将填埋气体焚烧处理，防止填埋气体不受控制地排放。

## （三）固体废物污染的防治措施

### 1. 生活垃圾污染的防治措施

（1）减量化。城市生活垃圾减量化措施主要包括八个方面：①加大宣传力度，提高公众的环保意识，促进公众参与。②逐步改变燃料结构，减少垃圾中的无机物。③采取净菜进城，以减少垃圾的产生量。④避免过度包装，减少一次性商品的使用。⑤加强产品的生态设计。⑥推行垃圾分类收集。⑦搞好废品回收、利用的再循环。⑧实行垃圾收费制，抑制垃圾过量排放。

（2）资源化。城市垃圾资源化的关键是推行垃圾分类收集和废品回收利用，以简化处理过程，降低回收成本，提高回收率及其质量。加快城镇生活垃圾分类收集，逐步建立和完善城市生活垃圾分类收集和运输系统，建立完整的废旧物资回收系统。

（3）无害化。在无害化处理上，应该根据垃圾的性质选择合理的处理处置方法，如对于回收价值高的垃圾，应积极回收利用；厨余垃圾可采用堆肥法处理，以获得质优量大的肥料和土壤改良剂;对于热值较高的垃圾,可以考虑焚烧等热处理方法。

(4)产业化。制定有利于生活垃圾收运处理的产业化政策与制度,建立垃圾收费制度,把垃圾收运处理的措施建设和运行作用推向社会,走市场化、产业化道路,以解决垃圾综合处理中资金短缺和人员匮乏的问题。

(5)制订城市生活垃圾处置与利用的整体规划。固体废物处理处置设施的建设规划应向区域型集中化方向发展,避免设施重复建设,应集中资金建设技术设备较全面、处理处置水平高的大型处理场。

**2. 工业固体废物污染的防治措施**

(1)推进清洁生产,改革生产工艺。大力推进清洁生产,实行产业、产品结构调整与清洁生产技术相结合。改造落后生产工艺与设备,采用先进生产工艺,降低能源和原材料的消耗,以减少废物的产生量,促进工业固体废物减量化。

(2)发展循环经济,提高工业固体废物的利用率。发展物质循环利用工艺,使某种工艺产生的废物成为另一工艺过程的原料,最后只剩下少量废物进入环境,以取得经济、环境和社会的综合效益。

(3)建立区域性固体废物集中处置利用中心,提高废物的处置利用水平。通过拆大并小,把力量分散的企业集中在一起,提高工业固体废物处置利用技术水平,走集约化、产业化发展道路。积极发展国际技术合作与交流,引进国外固体废物处理的先进技术与管理经验,提高固体废物处理技术装备的国产化水平。

(4)进行危险废物稳定化、无害化处理与处置。危险固体废物用焚烧、热解等方式,改变废物中有害物质的性质,使其转化为无害物质或使其含量达到国家规定的排放标准。建立完善危险废物安全处置体系,保证危险废物安全处置。

随着我国经济的发展,人们的环境保护意识不断提高,环境法律法规不断完善,固体废物无害化处理与利用应当纳入各级政府及相关部门的议事日程。只有各级、各部门高度重视,固体废物的污染防治工作才能够取得良好成效。

# 五 放射性污染

所谓"放射性",是指一种不稳定的原子核(放射性物质)自发地发生衰变的现象,与此同时放出带电粒子和电磁波的特性。此外,常见的射线还有 X 射线和中子射线,这些射线各具特定能量,对物质具有不同的穿透能力,从而使物体或机体发生一些物理、化学、生物变化。放射性物质的大量生产和应用,不可避免地会对环境造成放射性污染。

## (一)放射性污染的来源

放射性污染主要来自放射性物质,这些物质可来自天然,也可来自人为的因素。天然放射性污染来源于宇宙射线和原生放射性核素。地球环境中的天然放射性污染主要是指原子序数大于 83 的元素,这些放射性元素一般分为铀系、钍系和锕系三个系列,它们主要贮存在基岩中，通过放射性衰变产生大量的放射线，对地球环境产生强烈的影响。另外，由于"土—气、水—气"的相互作用，大气中的原生放射性核素污染也较为普遍，主要有氡及其子体的污染。一般来说，空气中氡的浓度常常受到地面岩石的结构、建筑物材料、空气通风状况的影响。就人为因素而言，目前的放射性污染主要有以下六种来源。

**1. 铀矿开采**

铀矿开采主要分为地下开采和大规模露天开采，其对环境的影响主要包括粉尘的产生以及放射性核素的扩散。此外，非铀矿的开采同样能产生放射性污染，如我国云南个旧地区锡、铜多金属矿山的氡污染已构成严重的危害。

**2. 核工业**

核工业各系统及技术（包括核能）应用部门在操作或处理放射性物料的过程中不可避免地会产生具有放射性的气态、液态或固态废物，它们是造成环境放射性污染的重要原因。

**3. 核武器试验**

核武器试验造成的全球性污染要比核工业造成的污染严重得多，因此，全球严禁一切核试验和核战争的呼声越来越高。

**4. 核电站**

核电站排入环境的废水、废气、废渣等均具有较强的放射性，会造成环境的严重污染。历史上曾多次发生重大的核事故，如1986年苏联发生的切尔诺贝利核电站事故，由于涉及区域有效地采取了应急措施，污染得到了控制。因此，一般核设施（特别是大型核设施）在设计阶段的周密安全计划和生产运行期间的强化管理和检查不容忽视。

**5. 核燃料的后处理**

核燃料后处理厂是将反应堆废料进行化学处理、提取和再使用，但后处理厂排出的废料依然含有大量的放射性核素，仍会对环境造成污染。

**6. 人工放射性核素的应用**

放射性核素在医学、工业、农业、科学研究和教育方面的实际和潜在应用达几千种。除了在特殊领域中的实际应用外，每天都有几百万居里的放射性物质从生产者输送给消费者。放射性核素的生产、运输、应用和处理的各个环节，都有可能将放射性物质排入环境。

## （二）放射性污染的防护措施

**1. 辐射防护的基本原则**

根据国际辐射防护委员会（ICRP）在剂量限制制度建议中提出的辐射防护建议，辐射防护的原则如下：第一，辐射行业正当化原则。进行任何伴随有辐射照射的行为时（如建造核电站），所得利益必须大于所付出的代价（包括辐射损伤）才能被认为是正当的，否则，不应该实施该项行为。第二，防护水平最优化原则。在考虑了经济和社会因素之后，任何必要的辐射剂量均应当保持在可以合理做到的最低水平，即为了降低机体的辐射剂量当量，所需要增加的防护费用同所减少的损害相比必须是合算的。第三，个人剂量当量限值原则。满足前两项条件下的剂量水平，对涉及的个人而言，不一定能保证个人的防护要求，个人所能接受的剂量不得超过为其规定的剂量限值。

**2. 辐射的基本防护方法**

人体受辐射的方式，其一是位于空间辐射场所能接受的外辐射，如封闭源的辐射等；其二是摄入放射性物质对体内某些器官或组织所造成的内辐射。由于受辐射的方式不同，对辐射的防护措施也有所不同。

（1）外辐射防护。外辐射防护包括时间防护、距离防护和屏蔽防护。人体受辐射的时间越长，接受的辐射量就越大，这就要求操作准确、敏捷，以减少受辐射的时间，达到防护目的；也可以增配工作人员轮换操作，以减少每人的受辐射时间。在点源窄束的情况下，空间辐射场中某点的剂量与该点至放射源间的距离的平方呈反比例关系。也就是说，人距离辐射源越近，受辐射量越大，因此，应在远距离操作，以减少辐射对人体的影响。可在放射源与人体之间放置一种合适的屏蔽体，具体有两种：第一种，对辐射源加以隔离，如将辐射源置于特制的屏蔽容器内（如混凝土、铸铁、铅罐等）；第二种，对受辐射者进行防护，如戴铅手套、围铅围裙、穿防护装、戴防护镜等。

（2）内辐射防护。内辐射是指放射性核素通过吸入、食入或皮肤渗透进入人体后所造成的辐射，其防护的基本原则为防止或减少放射性物质进入人体。常用的防范措施是防止放射性物质经呼吸道或口进入人体。挥发性放射性物质、放射性气溶胶或放射性粉尘逸入大气，将造成环境污染。空气污染是放射性物质进入人体的主要途径，因此要做到三点：第一，净化空气，通过空气过滤、除尘等方法，尽量降低空气中放射性气体或粉尘的浓度。第二，密闭存放和操作，把可能成为污染源的放射性物质存放在密闭容器内，或者在密闭性良好的工作箱或密室内进行操作。第三，做好个人防护，与放射性物质接触的人员应佩戴防护器具。水源、手、衣物污染或错误操作都可能造成放射性物质经口进入人体，因此，要绝对禁止用嘴吸入放射性溶液，禁止用被污染的手取食，同时应防止放射性物质经伤口进入人体。放射性物质不经过处理大量排入江河湖海或渗入地下，势必会造成地表水和地下水的放射性污染；某些水生物能浓缩放射性核素，被食用后将造成人体内放射性核素的沉积。因此，必须严格控制向江河排放放射性物质，排放前应严格净化。

**3. 减少生活中的放射性污染**

（1）防止居室氡气污染。已装修好的居室，如放射性物质不超标或超标不太严重，通过每天开门窗 3 小时以上，可使室内氡气浓度保持在安全水平。许多房间（尤其是一楼），即使各种石材、墙砖的放射性检测不超标，门窗关闭 2 天以上，氡气累积的浓度也会升至原来的数倍，从而对人体造成危害，特别是面积较小的房间更需要通风。对已发现的地面或墙体放射性超标较严重时，应将超标部分拆除更换为非放射性材料，也可通过在墙体或地面直接覆盖放射性水平很低的石材或其他材料来阻挡射线粒子，并使氡气无法进入空气。另外，用环保防氡内墙乳胶漆滚漆，漆后能使室内氡气浓度大幅度降低。

（2）防止意外伤害。医生诊治患者时，要根据患者的实际需要严格控制 X 射线检查的适应症，使患者免受不必要的照射。要耐心劝导那些主动要求但不需要使用 X 射线的患者，引导他们走出认识的误区。同时，要避免让某些无防护意识的陪护者接受 X 射线照射，尤其对儿童的 X 射线滥用问题更应引起重视。

## （三）放射性污染的治理

放射性废物是指含有放射性核素或者被放射性核素污染，其浓度或者活动浓度大于国家规定的清洁解控水平，并且预计不再使用的废弃物。

### 1. 铀矿开采及冶炼固体废物的治理

铀矿开采是核燃料生产的首要过程。开采出来的铀矿经过选矿，送到冶炼厂，铀矿山和水冶产生的固体废物主要是含铀废石和油尾矿，尽管其放射性水平较低，但排出量较大、分布面积较广，是核燃料生产过程中造成环境污染的重要因素。

（1）含铀废石的治理。对于含铀废石的治理主要有四种方法：第一种，设置永久性废石场。在矿山开采的设计阶段，同时估计采掘出来的废石总量，确定并建立永久性废石场。废石场位置的选择既要安全，又要集中。第二种，回填井下采空区。我国铀矿山最常用的地下采矿方法为重填、崩落、留矿及空场法等，其中以填充法为主要方法。对于采用其他方法的采场，在开采后也应尽量利用废石进行空场处理。第三种，回收废石中的铀金属。将品位低、水冶成本高、适宜堆浸的铀矿石，采用堆浸法回收铀金属。高浓度浸出液单独收集，低浓度浸出液重复利用。第四种，退役铀矿山废石的治理。若是露天开采剥离的废石场，可就地覆盖或将废石返送到露天矿坑内并覆上土和植被。对于建设在山沟的铀矿石，可在废石场的下方砌筑拦石坝，在其上方和两侧设置排水沟以防洪水冲刷。应根据废石的放射性强度，在废石表面覆盖黄土或其他材料。

（2）铀尾矿的治理。铀尾矿对环境和健康的危害源于尾矿库内储存的大量含放射性的尾沙和废水，除了输送系统的任何渗漏均会造成污染外，尾矿库的渗溃、垮坝事件也将带来不同程度的灾难性后果。因此，铀尾矿管理的重点在于尾矿库和尾矿坝的建设。

（3）低中水平放射性废物的地层处置。在核工业发展过程中，不可避免地会产生大量低中水平的放射性废物，如反应堆和后处理厂以及其他核科研单位、实验室产生的低水平放射性废物，包括受污染的废弃设备、化学试剂盒及药品、废树脂、过滤器芯、防护用品等。其数量多，涉及面广，故对其的处理应引起我们的高度重视。对这类废物的处理，国际上通常采取焚烧（可燃部分）、压缩（能压紧废物）或不做处理地与经蒸发处理后的中水平放射性废液残渣固化物一并进行地下埋藏处置。一般对低中水平放射性废物较为成熟的处理技术是实施水泥固化，也可根据废物中所含放射性比活度、核素半衰期、射线类型，将其置于近地表层、浅地层进行处置。我国对低中水平放射性固体废物按《低中水平放射性固体废物的浅地层处置规定》（GB 9132—1988）执行。

**2. 高水平放射性废物的深地层处置**

高水平放射性废物一般指核燃料在后处理过程中产生的高放射性废液及其固化体，其中含99%以上的裂变产物和超铀元素。由于高水平放射性废物比活度高、释热量强，且含有半衰期长、生物毒性大的多种核素，国家公认的处置方法为深地层处置，即将高放射性废物封入坚固的容器并置于深层地质构造（巷道或竖孔），再以人为和天然多层屏障加以屏蔽使之与外界隔离。

依据多重屏障原理设计的高水平放射性废物深地层处置体系，一般由四部分组成：第一部分为废物体本身，对废物进行固化稳定化处理；第二部分为包装容器，将孵化体封装在一个容器中；第三部分为充填于包装体与围岩之间的膨润土回填材料屏障层；第四部分为库区的围岩和周围地质环境。前三层屏障为工程屏障，最后一层屏障不受工程设计的影响，称为天然屏障。

迄今为止，世界范围内还未建成一座高水平放射性废物深地层处置库，有关的研究工作已进行了三四十年，预计近年有望建成两座处置库，一座位于美国内华达州的尤卡山，另一座位于德国的戈莱本。

# 第三节 生态安全与生态屏障绿色发展

## 一、生态安全

生态安全是指生态系统的健康和完整情况，是人类在生产、生活和健康等方面不受生态破坏与环境污染等影响的保障程度，包括饮用水与食物安全、空气质量安全与绿色环境等基本要素。健康的生态系统是稳定的和可持续的，在时间上能够维持它的组织结构和自治，以及保持对自身胁迫的恢复力；反之，不健康的生态系统是功能不完全或不正常的生态系统，其安全状况则处于受威胁之中。

生态安全具有整体性、不可逆性、长期性的特点，其内涵十分丰富，主要有七点：第一，生态安全是人类生存环境或生态条件的一种状态，更确切地说，是一种必备的生态条件和生态状态。即生态安全是人与环境发生关系的过程中，生态系统满足人类生存与发展的必备条件。第二，生态安全只是一个相对的概念，因为没有绝对的安全，只有相对的安全。生态安全由众多因素构成，其对人类生存和发展的满足程度各不相同，生态安全的满足程度也不相同。若用生态安全系数来表征生态安全的满足程度，则各地生态安全的保证程度可以不同。因此，生态安全通过反映生态因子及其综合体系质量的评价指标，来进行定量评价。第三，生态安全是可以变化的。一个要素、区域和国家的生态安全不是一劳永逸的，它可以随环境的变化而变化，反馈给人类生活、生存和发展条件，导致安全程度的变化，甚至由安全变为不安全。第四，生态安全的标准是以人类所要求的生态因子的质量来衡量的，影响生态安全的因素很多，但只要其中一个或几个因子不能满足人类正常生存与发展的需求，生态安全就是不及格的。也就是说，生态安全具有生态因子一票否决的性质。第五，生态安全具有一定的空间地域性质，真正导致全球、全人类的生态灾难不是普遍的。生态安全的威胁往往具有区域性、局部性，这个地区不安全，并不意味着另一个地区也不安全。第六，生态安全是可以调控的。对于生态不安全的状态、区域，人类可以通过整治和采取措施加以减轻，以解除环境灾难，变不安全因素为安全因素。第七，维护生态安全需要成本。生态安全的威胁往往来自人类的活动，人类活动引起对自身环境的破坏，导致生态系统对自身的威胁。要解除这种威胁，人类需要付出代价，需要投入，这应计入人类发展的成本。

# 二　生物多样性

## （一）生物多样性的概念

生物多样性是指地球上所有生物以及由这些生物组成的系统的变异性，是一个地区内遗传、物种和生态系统多样性的总和。根据联合国《生物多样性公约》，"生物多样性是指所有来源的形形色色的生物体，这些来源包括陆地、海洋和其他水生生态系统及其所构成的生态综合体，包括物种内部、物种之间和生态系统的多样性"。生物多样性包含三个层次：第一，遗传（基因）多样性。遗传（基因）多样性是指种内所有遗传变异信息的总和，蕴藏在动植物和微生物个体的基因里。第二，物种多样性。物种多样性是指以种为单位的生命有机体，包括动物、植物、微生物物种的复杂多样性。全世界有 500 万~5000万种生物，但据 E. O. Wilson1992 年的统计，当时被科学描述的有 141.3 万种。第三，生态系统多样性。生态系统多样性是指生物圈内生境、生物群落和生态过程的多样性以及生态系统内生境、生物群落和生态过程变化的多样性。生态系统的主要功能是物质循环和能量流动，它是维持系统内生物生存和演替的前提条件。生态系统多样性是物种多样性和遗传多样性的前提和基础。

## （二）生物多样性的保护

### 1. 完善生物多样性保护相关政策、法规和制度

研究促进自然保护区周边社区环境友好产业发展政策，探索促进生物资源保护与可持续利用的激励政策；研究制定加强生物遗传资源获取与惠益共享、传统知识保护、生物安全和外来入侵物种等管理的法规、制度；完善生物多样性保护和生物资源管理协作机制，充分发挥中国履行《生物多样性公约》工作协调组和生物物种资源保护部际联席会议的作用。

### 2. 推动生物多样性保护纳入相关规划

将生物多样性保护内容纳入国民经济和社会发展规划和部门规划，推动各地分别编制

生物多样性保护战略与行动计划；建立相关规划、计划实施的评估监督机制，促进其有效实施。

**3. 加强生物多样性保护能力建设**

加强生物多样性保护基础建设，开展生物多样性本底调查与编目，完成高等植物、脊椎动物和大型真菌受威胁现状评估，发布《濒危物种名录》；加强生物多样性保护科研能力建设，完善学科与专业设置，加强专业人才培养；开展生物多样性保护与利用技术方法的创新研究；进一步加强生物多样性监测能力建设，提高生物多样性预警和管理水平；加强生物物种资源出入境查验能力建设。研究制订查验技术标准，配备急需的查验设备。

**4. 强化生物多样性就地保护**

坚持以就地保护为主，迁地保护为辅，两者相互补充；合理布局自然保护区空间结构，强化优先区域内的自然保护区建设，加强保护区外生物多样性的保护并开展试点示范；建立自然保护区质量管理评估体系，加强执法检查，不断提高自然保护区的管理质量；研究建立生物多样性保护与减贫相结合的激励机制，促进地方政府及基层群众参与自然保护区的建设与管理；对于自然种群较小和生存繁衍能力较弱的物种，采取就地保护与迁地保护相结合的措施，其中，农作物种质资源以迁地保护为主，畜禽种质资源以就地保护为主。加强生物遗传资源保护。

**5. 加强生物资源可持续发展开发利用**

把发展生物技术与促进生物资源可持续利用相结合，加强对生物资源的发掘、整理、检测、筛选和性状评价，筛选优良生物遗传基因，推进相关生物技术在农业、林业、生物医药和环保等领域的应用。鼓励自主创新，提高知识产权保护能力。

**6. 推进生物遗传资源及相关传统知识惠益共享**

借鉴国际先进经验，开展试点示范，加强生物遗传资源价值评估与管理制度研究、抢救性保护和传承相关传统知识，完善传统知识保护制度，探索建立生物遗传资源及传统知识获取与惠益共享制度，协调生物遗传资源及相关传统知识保护、开发和利用的关系，确保各方利益。

**7. 提高生物多样性新威胁和新挑战的能力**

加强对外来入侵物种入侵机理、扩散途径、应对措施和开发利用途径的研究，建立外来入侵物种监测预警及风险管理机制，积极防治外来物种入侵；加强对转基因生物环境释放、风险评估和环境影响的研究，完善相关技术标准和技术规范，确保转基因生物环境释放的安全性；加强应对气候变化生物多样性保护技术研究，探索相关管理措施；建立病源和疫源微生物监测预警体系，提高应急处置能力，保障人畜健康。

**8. 提高公众参与意识，加强国际合作与交流**

开展多种形式的生物多样性保护宣传教育活动，引导公众积极参与生物多样性保护，加强学校的生物多样性科普教育；建立和完善生物多样性保护公众监督、举报制度，完善公众参与机制；建立生物多样性保护伙伴关系，广泛调动国内外利益性组织和慈善机构的作用，共同推进生物多样性保护和可持续利用；强化公约履行，积极参与相关国际规则的制定；进一步深化国际交流与合作，引进国外先进技术和经验。

# 三　生态屏障绿色发展

## （一）推进森林资源的保护与发展

### 1. 提高森林生态效益

大力推广植树造林，提高森林的生态效益，这就要求继续深化开展全民植树运动，唱响"共建绿色家园"主旋律；加快推进林业重点工程建设，保障林业建设发展；进一步加快城乡绿化步伐，提升绿化美化水平；加强绿色通道工程建设，使绿化线路不断延伸；大力加强商品林建设，努力形成商品林的骨干和框架。

### 2. 加强森林资源保护

做好森林资源保护工作，有四点要求：第一，坚决制止毁林开垦、陡坡种植。1998 年洪灾之后，国务院下发了《关于保护森林资源制止毁林开垦和乱占耕地的通知》。该通知要求立即停止毁林开垦、乱占林地的不良做法，坚决刹住乱砍滥伐、超限额采伐的歪风。对大案、要案，尤其是涉及领导行为的案件，要严肃处理。第二，实施森林防火工程。大力宣传和认真落实《森林防火条例》，推进依法防火。实施《全国森林防火规划》，突出抓好防火预警、航空消防、防火道路、林火阻隔等基础设施建设。引进大型直升机，完善防扑火装备，提升综合防控水平，力争不发生重特大森林火灾和重大人员伤亡。第三，启动林业有害生物防治工程。重点抓好松材线虫、美国白蛾、鼠兔害等重大危险性林业有害生物防治。加强防治公共服务体系建设，落实地方政府的防治责任，推行联防联治、无公害防治。第四，进一步强化野生动植物保护和管理，加强森林公安和林业工作站的建设。

### 3. 提高全民绿化意识和生态环境意识

采取多种形式，大力宣传保护森林、发展林业的重要性，特别是宣传林业在大农业中的地位和作用，使广大干部群众真正认识到只有山青才能水秀，只有林茂才能粮丰；没有足够的森林，就没有完整的生态体系，自然灾害就会频发，损失就会惨重，大农业乃至国民经济就不会持续、快速、健康地发展。通过深入的宣传，增强全民的绿化意识、生态意识，使全社会更加重视林业，关心林业，支持林业，发展林业。

### 4. 实施依法治林

实施新修订的《中华人民共和国森林法》等法规，加强地方法规建设。加强森林公安执法能力建设和大案要案查办力度，开展打击涉林案件专项行动；宣传普及法律法规，完善行政许可监督检查指导和行政复议制度；进一步规范林业行政审批制度，尽快实行网上审批。

### 5. 实行领导干部任期目标责任制

制定并实施领导干部保护和发展森林资源任期目标责任制，及时检查通报目标完成情况，使之有效实行。

### 6. 建立健全稳定的投入保障机制

主要有三点：第一，建立以公共财政体系为主的林业投入机制。按照"分类、分级、突出重点、加大扶持"的原则，将林业纳入各级政府的公共财政体系，并予以合理定位。第二，健全以多渠道融资为辅的林业投入机制。继续贯彻"谁造谁有、谁管护谁受益"的原则，鼓励采取股份制、股份合作制和承包、租赁、兼并、收购、出售等经营方式，以及林业轻税负政策等，健全鼓励各类社会投资主体参与林业建设的社会投入机制。以现有林业财政贴息贷款为基础，建立与国际接轨、符合林业特点的中长期低息贷款的信贷投入机制，并加大各级财政贴息扶持力度。充分利用外国政府贷款、国际金融组织贷款、外商直接投资和无偿援助。第三，健全和完善森林生态效益补偿制度。加快健全和完善从中央到地方分级的森林生态效益补偿制度。积极探索森林生态效益的市场化，健全面向社会的森林生态效益补偿机制。

### 7. 大力实施"科教兴林、人才强林"战略

习近平生态文明思想是习近平新时代中国特色社会主义思想的重要组成部分，是生态文明建设的根本遵循和行动指南。习近平总书记强调，"保护生态环境就是保护生产力，改善生态环境就是发展生产力"。这一重要论述深刻地阐明了生态环境与生产力之间的关系，体现了我党对生态文明建设客观规律的准确把握，是马克思主义生产力观的升华和发展。我们要牢固树立"改善生态环境就是发展生产力"的观念，大力实施"科教兴林、人才强林"战略，着力加强科技创新和推广，着力提升林业建设者的素质，努力提高林业建设的技术水平和管理水平，努力提高林业建设的质量和效益。

### 8. 加强森林生态自然保护区的建设与管理

我国森林生态类型的自然保护区建得比较早，数量也较多，积累了许多经验，但与需要相比还有很大差距，需要进一步发展和全面规划，有计划地加强建设。已建的自然保护区也要进一步加强管理，重点建设和完善一批国家级自然保护区。

### 9. 扩大林业对外开放

主要有三点：第一，完善林业应对气候变化的措施。发布《应对气候变化林业行动计划》，加快亚太森林恢复与可持续管理网络建设，积极实施碳汇造林项目，开展碳汇计量研究。第二，实施"走出去、引进来"林业对外战略。鼓励开展海外森林开发和开拓海外林产品市场。拓展同世界银行、亚洲开发银行、欧洲投资银行等国际金融组织的合作，积极引进国外的资金、技术和经验，提升我国林业建设和管理水平。第三，提升林业国际合作的主导力。积极参与多边、双边林业事务，认真履行国际公约，主动承担国际义务。积极参与国际林业规划的制定，全力维护国家利益。妥善应对非法采伐等国际林业热点问题

和林产品对外贸易摩擦。加大林业对外宣传力度，进一步提高我国林业的国际影响力。

### （二）加强湿地的保护和恢复建设

湿地与人类的生存、繁衍、发展息息相关，是自然界最富生物多样性的生态系统和人类最重要的生存环境之一，它不仅为人类生产、生活提供了多种资源，而且具有巨大的环境回报功能和效益。保护湿地就是保护我们人类自己，保护与合理利用湿地资源，关系到人类可持续发展的大计，因此，采取措施切实保护好、利用好湿地资源刻不容缓。

**1. 提高全面保护湿地的意识**

长期以来对湿地的不正确认识和对湿地利用的片面理解，以及由此产生的错误政策导向和经济利益驱动的短视行为，是导致湿地资源得不到保护，生态效益、经济效益和社会效益不能得以持续发挥的主要原因。要进一步提高认识，把湿地保护作为改善生态环境的重要任务来抓，充分认识到湿地具有保持水源、净化水质、蓄洪防旱、调节气候和维护生物多样性等重要生态功能，健康的湿地生态系统是国家生态安全体系的重要组成部分和经济社会可持续发展的重要基础。

**2. 完善湿地保护的法律法规**

从维护可持续发展的长远利益出发，必须坚持保护优先原则，对现有的自然湿地资源实行普遍保护，坚决制止随意侵占和破坏湿地的行为。抓紧制定及完善国家湿地保护的法律、法规和配套标准等，各级地方政府要根据国家湿地保护的法律和法规，结合本地区的实际，制定相应的湿地保护地方法规和管理办法，加强对本地区湿地的保护。要严格控制开发占用自然湿地，凡是列入国际重要湿地和国家重要湿地名录，以及位于自然保护区内的自然湿地，一律禁止开垦占用或随意改变用途。对开垦占用或改变湿地用途的，应责令停止违法行为，采取各种补救措施，努力恢复湿地的自然特性和生态特性，并严格按照有关法律、法规予以处罚。要依法做好湿地的登记、确权、发证等基础工作，为湿地保护和管理提供依据。

**3. 实施湿地统一规划管理**

湿地既是一个完整的生态环境系统，又是一个完整的生态经济系统。因此，对于一个地区湿地的管理也应统一、协调。目前不少地区的湿地被人为地分为几个独立的湿地单元，实施分而治之的管理模式，使湿地生态环境得不到有效保护，湿地资源得不到合理利用。因此，要组建跨省市、跨地区的湿地管理机构，对跨国湿地还应开展国际合作，以便对湿地系统实施统一规划管理，在重大问题上采取协调一致的保护行动。湿地的开发、利用、建设和呵护，应遵循整合性原则、复合性原则、多样性原则和可持续性原则。各级政府也应把湿地保护和合理利用纳入本地区的经济社会发展规划。

**4. 加大湿地保护力度**

我国的湿地处于需要抢救性保护的阶段，努力扩大湿地保护面积是当前湿地保护管理工作的首要任务。建立湿地自然保护区是保护湿地的有效措施，各地要从抢救性保护的要求出发，按照有关法律法规，采取积极措施，在适宜地区抓紧建立一批各种级别的湿地自然保护区，特别是对生态地位重要或受到严重破坏的自然湿地，更要果断地划定保护区域，实行严格有效的保护。同时，对不具备条件划建自然保护区的，也要因地制宜，采取建立湿地保护小区、各种类型的湿地公园、湿地多用途管理区或划定野生动植物栖息地等多种措施来加强保护管理。

**5. 加强科学研究**

湿地科学在国内外均属新兴学科，因此，要及时掌握国内外最新的学术动态，总结和推广湿地保护、开发、利用的成功经验；整合生态技术，科学制订生态监测与科学研究计划；建立国际交流的机制，扩大合作领域；开展社会、经济、人文等多学科的综合研究。

📖 知识链接

## PM2.5

PM2.5是指大气中直径小于或等于2.5微米的颗粒物，也被称为可吸入颗粒物，它的直径还不到人的头发丝粗细的1/20。虽然PM2.5只是地球大气成分中含量很少的组分，但它对空气质量和能见度等有重要影响。与较粗的大气颗粒物相比，PM2.5粒径小，富含大量有毒、有害物质，且在大气中停留时间长、输送距离远，因而对人体健康和大气环境的影响更大。

2012年2月，国务院同意发布新修订的《环境空气质量标准》，其中增加了PM2.5的监测指标。

PM2.5的来源主要有以下几个方面。①人为排放：人类既直接排放PM2.5，也排放某些可在空气中转变成PM2.5的气体污染物。直接排放主要来自燃烧过程，比如石化燃料（煤、汽油、柴油）的燃烧、生物质（秸秆、木柴）的燃烧、垃圾焚烧。在空气中转换成PM2.5的气体污染物主要有二氧化硫、氮氧化物、氨气、挥发性有机物。其他的人为来源包括道路扬尘、建筑施工扬尘、工业粉尘、厨房烟气等。②自然来源：主要有风扬尘土，火山灰，森林火灾产生的气体污染物，漂浮的海盐、花粉、真菌孢子、细菌等。

气象专家和医学专家认为，由细颗粒物造成的雾霾天气对人体健康的危害甚至比沙尘暴更大。粒径10微米以上的颗粒物，会被挡在人的鼻子外面；粒径在2.5~10微米的颗粒物，能够进入上呼吸道，但部分可通过痰液等排出体外，另外也会被鼻腔内部的绒毛阻挡，对人体健康危害相对较小；而粒径在2.5微米以下的细颗粒物，直径不足人类头发丝的1/20大小，不易被阻挡，被吸入人体后会直接进入支气管，干扰肺部的气体交换，引发包括哮喘、支气管炎和心血管等方面的疾病。

（根据资料整理。）

**思考题**

1. 什么是生态系统？
2. 简介生态安全的内涵。
3. 如何推进森林资源的保护与发展？

# 第八章 生态人居绿色发展

## 第一节 文明生态村建设

### 一 文明生态村的含义

#### （一）生态村与生态文明村

生态村，是指在生态系统承载能力的范围内，在生态系统自净能力上限之下，运用生态科学原理和生态链接工程而建设成的村落，它的宜居水平比一般的普通村庄更高，它更适合人类居住和生活。生态文明村，是物质文明、政治文明、精神文明三个文明建设成效显著、自然生态环境良好的行政村。

#### （二）创建生态文明村的主要任务

创建生态文明村的主要任务，是以改善人类居住环境为突破口，以提高农民素质和生活质量为出发点，以"经济发展、民主健全、精神充实、环境良好"为主要内容，协调推进物质文明、政治文明和精神文明建设，努力实现人的全面发展和农村经济社会的全面进步。

#### （三）生态文明村的特征

**1. 村容村貌整洁优美，生态环境得到改善**

连接公路主村道和村内道路硬化、村内主要街道架设有路灯；推广使用沼气、垃圾定点存放、改水改厕、禽畜圈养，无柴草乱垛、粪土乱堆、垃圾乱倒、污水乱泼、禽畜乱跑；农户房前院内种有树木、村内道路两旁植有行道树、村庄周围有绿化林带；科学使用化肥、农药，工业企业污染物达标排放，环境质量达到国家标准。

**2. 思想道德风尚良好，文、教、卫、体设施完善**

公民基本道德规范家喻户晓、人人皆知；制定由村民民主讨论形成的《村规民约》；创建"十星级"文明农户的三项机制普遍落实；红白事理事会、道德评议会、禁赌会等群众自治组织健全，婚事新办、丧事简办、没有封建迷信活动；建有文化活动室和体育健身场所，形势政策教育、科学知识普及和健康向上的文体活动经常举办；村办学校符合标准，义务教育入学率、巩固率达标；设有卫生室，群众健康教育、疾病预防、妇幼保健、常见病治疗有保障；无计划外生育。

### 3. 基层民主制度健全，社会治安秩序良好

村民大会和村民代表大会制度落实，村民委员会民主选举产生，村干部依法行政，村务公开，重大事项实行民主决策，农民的公民权利得到保障；社会治安综合治理措施落实，治安防范体系健全，无重大刑事案件、严重经济案件、重大治安案件，无重大责任事故。

### 4. 农村经济发展壮大，农民生活更加殷实

产业结构合理，绿色产业、高效农业和庭院经济健康发展；集体经济实力壮大，农民专业合作组织健全；农民收入逐年增加，减轻农民负担的各项措施落实到位，病残孤寡农民的生产、生活困难得到妥善解决。

### 5. 领导班子坚强有力，干群关系和谐融洽

村党支部（党总支、党委）、村民委员会坚定执行党在农村的各项方针政策；落实"领导班子好、党员队伍好、工作机制好、小康业绩好、农民群众反映好"的目标，协调推进物质文明、政治文明、精神文明建设，受到群众的拥护和信赖。

## 二 建设生态文明村的重要意义

建设生态文明村，是构建社会主义和谐社会，全面推进农村小康社会建设的伟大实践，是一项解决"三农"问题、统筹城乡发展、符合农村实际、反映农民愿望与要求、牵动农村工作全局的系统工程，意义重大。

### （一）建设生态文明村是推动小康社会建设的必然要求

我国是农业大国。建设农村生态文明是建设和谐新农村的基础和保障，是"三农"科学发展的方向和必然要求。建设生态文明村，使农民群众在生动、具体的实践中提高思想道德素质、科学文化素质和健康素质，促进农村的文化、教育、卫生、体育等项事业发展；提高自我教育、自我服务、自我管理的本领，促进农村基层民主政治建设；提高勤劳致富、科技致富的能力和关心生态、保护环境的自觉性，促进经济与社会、农村与城市、人与自然的协调发展。

### （二）建设生态文明村是促进现阶段城镇化建设的强大力量

建设生态良好的文明村与中国现阶段加强城镇化建设的工作目标相一致，对城镇化建设具有极大的推动作用。城镇化建设是构筑我国城市化体系的重要组成部分，是符合中国国情的发展模式。城镇化建设不仅是当前经济社会的发展战略，而且是解决"三农"问题的结合点和必然结果。建设生态文明村对促进现阶段城镇化建设有重要的意义。

### （三）建设生态文明村是坚持以人为本，践行立党为公、执政为民的重大举措

建设生态文明村，有利于实现农民愿望、满足农民需要、维护农民利益，使农民群众的居住环境更加整洁，精神更加充实，物质文化生活水平有显著的提高。

## （四）建设生态文明村是建立新的生活方式、改善人居环境的一场伟大革命

千百年来形成的落后生活方式、生活习惯以及脏、乱、差的居住环境，与农村建设小康社会的要求极不适应。随着温饱问题的基本解决和小康社会建设的全面推进，广大农民对改变这种状态的愿望越来越迫切，解决这些问题的客观条件已经基本具备。要把生态文明村建设作为建设社会主义新农村的有效载体，以发展生态经济为中心任务，推进社会主义新农村建设。建设生态文明村，引导广大农民建立起科学文明健康的生活方式，依靠农村和社会各方面力量营造出文明、整洁、优美的生活环境，使农民群众的精神面貌和广大农村的环境面貌发生一个历史性的变化。

# 第二节　绿色社区建设

## 一　绿色社区的含义

### （一）绿色社区的概念

当今社会，随着社区在我国的大量兴起，人们的生活重心由单位转移至社区。社区居委会、物业公司代替单位，逐渐承担起管理社区居民的事宜。这一转变导致长期依赖"单位包管"的人们生活方式发生了巨大转变，生活中包括生老病死在内的方方面面不再与单位有过多联系，而直接与社区服务挂钩。社区因此成为中国城市管理改革、维持社会稳定的关键节点，而提高社区治理能力成为提升基层政府行政能力、党在基层权威的重要渠道。绿色社区正是这一政治背景的政策产物。

绿色社区，是指具备一定的符合环保要求的"软""硬"件设施，建立起较完善的环境管理体系和公众参与机制的文明社区。绿色社区的硬件建设，主要包括绿色建筑、社区绿化、垃圾分类、污水处理、节水节能等设施。绿色社区是在传统社区的基础上，将"人与自然和谐共生"作为主旨，从社区的开始设计到消费、管理始终贯彻绿色的理念，使社区既保护环境又有益于人们的身心健康，又与城市经济、社会、环境的可持续发展相统一。绿色社区的软件建设，主要包括一个由政府各有关部门、民间环保组织、居委会和物业公司组成的联席会；一支起骨干作用的绿色志愿者队伍；一系列的持续性的环保活动；一定比例的绿色家庭。现阶段创建绿色社区具体要做到"六个一"，即建立一个由政府各部门和社会各界参与的联席会、一个垃圾分类清运系统、一块有一定面积和较高水平的绿地、一支起先锋骨干作用的绿色志愿者队伍、一个普及环保科学知识的宣传阵地和一定数量的绿色文明家庭。

"绿色社区"概念，最初由一个活跃在环保领域的 NGO 组织（非政府组织）"地球村"引进中国。"地球村"在社区层面上的环保实践是一个循序渐进的过程。在 1996 年时只是通过帮助北京大乘巷社区家委会建立垃圾分类点，后来发展到向居民介绍、引进垃圾分类法和节能、节水家电的使用方法，编写了《绿色社区指导手册》，倡导社区居民选择

"绿色时尚的社区生活方式",坚持在中央电视台制作"绿色文明与中国"节目,在绿色时尚板块介绍垃圾分类知识。此时的"绿色社区"概念是一个引起小范围人关注和讨论的专业话题,"地球村"对其进行的实践处在小范围试验的阶段。到2001年,"绿色社区"概念与政府希望将环保推进社区同时加强居民参与的政策目标相契合,得到了政府认可、支持和推广。生态环境部号召全国47个重点城市开展创建绿色社区工程,"绿色社区"概念由此演变成为一项广泛性的国家工程,以政策方式推广。这时"绿色社区"的核心集中在建立绿色社区指标体系上。当前,我国对建设绿色生态城区,加快发展绿色建筑,实现美丽中国,实现永续发展的目标,提出了明确的规划目标、指导思想、发展战略和实施路径,对推动我国绿色生态城区规模化发展,指明了方向。

## (二)绿色社区的标志

绿色社区是环境质量优良、环保设施完善、公众环境意识较高的生活社区,其标志主要有:第一,建立环境管理和监督体系,推动小区环保。第二,组织绿色志愿者大队,开展环保活动。第三,设有环保橱窗等宣传设施,定期更新内容。第四,建立垃圾分类回收系统,保持社区清洁。第五,节约能源,尽量使用节能电器和节能灯等。第六,节约用水,达到区或市级节水标准。第七,绿色面积须达到一定比例,护养绿色植物的工作落实到家庭。第八,保持小区环境安宁,将噪声污染降到最低。第九,营造环境文化氛围。第十,绿色社区同时须符合文明社区标准。

## (三)绿色社区的功能

### 1. 监督环境执法

绿色社区建立以社区为基础的公民环保参与机制,发挥社区居民的监督执法作用,保障公民的环境权益。

### 2. 提供政策建议

绿色社区以联席会制度、听取群众意见等方式,建立政府与公民的沟通渠道,以便居民参与政策建议,加强居民对政府决策的理解和实施。

### 3. 进行环保教育

绿色社区建立社区环保的自我教育、自我管理机制,可以使居民在日常生活中接受持续性的环境保护教育,提高环境保护意识。

### 4. 倡导绿色生活

绿色社区使环保成为一种生活方式、一种社区文化、一种人人可以参与的行为和时尚。它不仅能减缓资源消耗与环境污染,造就与自然和谐的生活环境,还有助于创造"绿色市场",推动环保产业和建筑业、公交业、绿色食品业、回收业等相关行业的发展。

## (四)建设绿色社区的目的

通过政府与民间组织、公众的合作,把环境管理纳入社区管理,建立社区层面的公众参与机制,让环保走进每个人的生活,加强居民的环境意识和文明素质,推动大众对环保的参与。在建设绿色社区的过程中，应通过各种活动，增强社区的凝聚力，创造出一种与环境友好、邻里亲密和睦相处的社区氛围。

### （五）建设绿色社区的意义

绿色社区是环保公众参与机制的基层、基点和基础，绿色社区的创建对建立、完善环保公众参与机制具有举足轻重的作用。创建绿色社区的最主要目的是使公民能够认识和行使自己的环保权利和责任，通过政府与民间组织、公众的合作，把环境管理纳入社区管理，建立社区层面的公众参与机制，让环保走进每个人的生活，加强居民的环境意识和文明素质，推动大众对环保的参与。在建设绿色社区的过程中，通过各种活动，增强社区的凝聚力，创造出一种与环境友好、邻里亲密和睦相处的社区氛围。

## 二、绿色社区建设的内容

### （一）环保设施——绿色社区的硬件建设

绿色社区的硬件建设，是指社区里的各种环保设施。其根本内涵是较少损耗自然资源，较少破坏自然生态平衡。绿色社区硬件建设的基本目标：第一，绿色建筑。采用环保建材和环保涂料，在采光方面、房体保温、通风等方面都符合环保要求。第二，垃圾分类。设置生物垃圾处理机、分类垃圾桶，大的居民区可以建立社区垃圾分类回收清运系统。第三，污水处理。在有条件的小区配置生活污水处理再利用系统，居民家的卫生用水可以使用二次水。第四，社区绿化。小区绿化覆盖面积占小区总面积的30%，绿化方式多样性（如立体绿化、屋顶绿化等）。第五，节水、节电。居民家中使用节水龙头、节能灯等，社区绿地浇水采用喷灌、采用太阳能热水器等。目前，新建居民区在建筑设计、建筑过程中按照环保要求，配置如污水处理再利用、生物垃圾处理机等环保设施，使新建成的居民区一开始就具备绿色社区的硬件条件。已建居民区以垃圾分类、社区绿化、节水、节能为主。

### （二）联席会——绿色社区的管理核心

联席会是绿色社区环境管理体系的核心，负责社区的环境管理和具体实施。根据其管理主体的特点，联席会分为三种模式。

**1. 政府有关部门、民间组织与物业公司共同参与的社区环境管理**

由政府有关部门（包括精神文明办、环保局、环卫局、街道办事处）、民间环保组织、居委会和有关企业（物业公司）组成联席会，共同参与社区环境管理。联席会的成员各尽其责：精神文明办主管社区总体环境文明建设；环保局负责社区环保和污染控制的事务；环卫局承担垃圾分类的硬件设施和清运工作，进行垃圾分类回收的宣传；街道办事处和居委会负责社区环境的行政性事务和组织各种环保活动；物业公司负责有关物业方面的管理；民间环保组织负责对居民环境意识和教育培训，引导公众对环保的参与。其特点是，政府有关部门的参与，加强了社区环境管理的力度，能够较有效地协调与周围单位所发生的环境问题。

### 2. 以居委会为主的社区环境管理

由居委会、民间组织组成的联席会，以居委会为主，民间组织为辅，负责社区环境管理。居委会负责环境宣传教育，组织各种环保活动，实施垃圾分类等；民间组织起到策划、推动、协助与沟通的作用。其特点是，通过居委会实施环境管理，组织居民参与各种环保活动，倡导居民选择绿色生活方式，实现绿色社区自我教育、自我管理和公众参与的目标。

### 3. 以物业公司、业主委员会为主的社区环境管理

由物业公司、业主委员会组成的联席会，负责社区环境管理。物业公司负责与环保部门和环保组织联系，开展环保活动，选择绿色生活方式。其特点是从开发房产开始，房地产公司就将绿色环保建筑的理念贯穿于设计、施工、管理的全过程，使社区一开始就具备较高水平的环保设施。在业主入住后，物业公司和环保组织合作，建设绿色社区的软件体系。

## （三）环保活动——绿色社区的主体内容

创建绿色社区的根本目的，在于建设以人为本、健康优美的人居环境，控制各种污染及生态环境等问题，建立并完善广大市民参与环保的机制，增进社区活力。因此，绿色社区的环保活动一般是围绕公民环保权利与责任进行的。

### 1. 关心环境质量

在社区宣传栏里公布空气质量、水、植被、垃圾等综合情况；组织居民参观环境展览、垃圾填埋场、污水处理厂，了解空气、水源水质的监测情况等，使绿色社区建设的内涵逐渐渗透到社区的每个环节，让居民了解绿色社区建设的重要意义及社区居民为保护环境所应做的具体事项。

### 2. 监督环境执法

定期公布政府的环境法规及最新修订信息，公布环保部门的执法热线；安排环境法规的教育培训，创造条件让社区公众参加监督。社区公众既可以举报有法不依的违法者，又可以监督执法不严的执法者，从而将公众参与环境执法监督落到实处，并逐渐学会用法律知识调停解决环境问题引起的争端。

### 3. 参与政策建议

定期组织公民听证会，使居民了解和讨论有关环保政策。创造政府与民众在环境问题上的沟通机制和交流渠道，使社区居民直接表达对环境问题的见解、建议，反映各方信息和意见。

### 4. 选择绿色生活

开展绿色生活方式的宣传教育，使居民了解环保与生活质量的关系，组织自愿实施绿色生活方式的各种活动。例如，安装节能灯、节水龙头等设施，实行垃圾分类，选购绿色食品和绿色用品，选择大众交通，拒吃野生动物和拒用野生动物制品等。社区家庭经常为

共同的环保事务交流合作，有利于增进邻里感情，增强社区凝聚力。

## （四）志愿者队伍——绿色社区的骨干力量

志愿者队伍由社区里的环保热心人员组成，是社区的环保骨干力量，积极组织和参与各种环保活动，并负有带头争做绿色家庭以及带动其他家庭的责任。志愿者队伍的负责人是绿色社区联席会的成员，主动参与社区的环境管理。通过志愿者的工作，建立起居民对绿色社区的整体认同感，以及亲密、和睦的邻里关系。

## （五）绿色家庭——绿色社区的先进典型

绿色家庭是积极参与社区环保活动、带头实施绿色生活方式的家庭。通过这些家庭影响和带动其他家庭选择绿色生活方式，使更多家庭加入绿色家庭行列。绿色社区的每个家庭都是通过选择绿色生活来参与环保。

### 1. 节水光荣

养成良好的用水习惯，节约用水。例如，绿色家庭成员洗手擦肥皂时关上水龙头，洗完手关紧水龙头，看见漏水的水龙头赶快关上。

### 2. 保护水源

减少水污染，保护水源。水资源短缺是自然条件决定的，水污染却是人为造成的。没有净化的工业污水和家庭洗涤剂的大量使用，造成我国90%的城市水域严重污染。含磷洗衣粉的大量投用，使含磷污水排入江河，造成水体富营养化，藻类和其他微生物疯长，致使水缺氧而殃及鱼虾。绿色家庭要做到不去饮用水源地游泳、捕鱼和划船；外出游玩时，不往河里、湖里乱扔东西；不在河边、湖边倾倒垃圾和废弃物；将剩菜里的油腻物倒入垃圾箱，洗碗盘时尽量不用或少用洗涤灵；选购和使用无磷洗衣粉和洗涤剂。

### 3. 养成节电美德

节约用电是为了节省能源，减少污染。比如，绿色家庭成员随时关掉不用的灯，不开长明灯；在白天尽量利用自然光，在自然光线充足的地方学习；在同一时间不同时开着不用的电器。看电视时，关掉电脑或收音机；听音乐时，把不用的家用电器全部关掉，不让它们处在待机状态白白耗电；尽量用扫帚和抹布打扫卫生，减少吸尘器的使用；等等。这些节约用电的做法有利于节约能源，减少因能源的使用而造成的环境污染。

### 4. 做公交族或自行车族

汽车排放的尾气严重污染大气，危害人体健康，致使在马路边行走的人们觉得空气浑浊、刺鼻。汽车尾气排放大多在1.5米以下，因此，儿童吸入的有害气体是成人的2倍。私家轿车虽然方便，但它的出行会增加尾气的排放量，应多利用公共汽车、电车、地铁等公共交通工具，这样既可节约汽油，又可减少汽车尾气排放带来的大气污染，还可缓解道路堵塞。因此，绿色家庭成员应争做公交族或自行车族。

### 5. 节约用纸

节约用纸，使用再生纸。造纸需要大量木材，全国每年造纸消耗木材100万立方米，在造纸的过程中还会排出大量废水，污染河水，它所造成的污染占整个水域污染的 30% 以上。再生纸是用回收的废纸生产的，一吨废纸能生产 800 千克再生纸，可少砍 17 棵大树，节省 3 立方米垃圾填埋空间，还可以节约一半以上的造纸能源，减少 35% 的水污染，所以使用再生纸是绿色家庭参与的一项环保活动。

### 6. 绿色产品和绿色食品

"绿色产品"是指在生产、运输、消费、废弃过程中不会给环境造成污染的产品，这些产品外都贴着环境标志。中国环境标志图形的中心是山、水和太阳，表示人类的生存环境，外围有 10 个环，表示大家共同参与环境保护。绿色家庭应尽量选购有环境标志的商品，不选购过度包装的商品。目前，我国的环保产品有无氟冰箱和不含氟的发用摩丝、定型发胶、领洁净、空气清新剂等，还有无铅汽油、无磷洗衣粉、低噪声洗衣机、节能荧光灯、无镉汞铅的环保普通电池和充电电池。"绿色食品"是我国经专门机构认定的无污染的安全、优质、营养类食品的统称。绿色食品标志由太阳、叶片和蓓蕾三部分构成，标志着绿色食品是出自纯净、良好生态环境的安全无污染食品。目前我国的绿色食品达 700 多种，涉及饮料、酒类、果品、乳制品、谷类、养殖类等各个食品门类，绿色家庭应尽可能选购绿色食品以促进健康，也会给绿色食品行业带来生机，使生态环境得以改善。

### 7. 尽量多用可重复使用的耐用品

少用一次性制品，尽量多用可重复使用的耐用品，如自带饭盒用餐，少用一次性快餐盒；在商店买东西时，少领取塑料袋，上街购物时带上一个购物袋；重复使用已有的塑料袋；少使用纸杯、纸盘、塑料保鲜膜等；少使用木杆铅笔，因为制造木杆铅笔需要大量的木材，可以选择自动铅笔。

### 8. 垃圾分类回收

垃圾分类回收有好处：第一，可以减少垃圾量，节省垃圾填埋场的土地面积，为后代留下生存的土地；第二，减轻垃圾中有害物质对土壤和水的污染，有利于身体健康；第三，变垃圾为资源，使地球的有限资源服务于人类无限的需要。例如，回收废塑料可生产再生塑料和炼出工业燃油；回收废纸可以生产好纸；回收用过的玻璃瓶、易拉罐可以再生玻璃和铝制品。绿色家庭可在家里设置几个垃圾筐，把垃圾分为废纸、废塑料、废玻璃、废金属和废弃物几类。实行垃圾分类回收，举手之劳，可使垃圾造福人类。

### 9. 爱护动物，保护自然

动物和人类一样，都是大自然的子民。在恐龙时代，平均每 1000 年才有 1 种动物灭绝；而现在，每年约有 4 万种生物灭绝。近 100 年来，地球物种灭绝的速度超出其自然灭绝率的 1000 倍，而且有增无减。绿色家庭可以参与保护野生动物，从源头开始保护野生动物，爱护万物。例如，不吃野生动物做的菜肴，不穿珍稀动物毛皮做的服装，不用野生动植物制品，如象牙、虎骨、红木家具等。

### 10. 参加植树护林等环保活动

森林素有"绿色金子"之称，森林可以把二氧化碳转换成氧气；森林可以像抽水机一样把地下的水分散发到天空；森林可以用巨大的根系使土壤和水分得到保持，控制洪涝和荒漠化的发生；森林是野生动物的家园。绿色家庭应积极参加植树护林的各项环保活动。

## 三 绿色社区对居民的意义

### （一）保护居民的环境权益

绿色社区的居民作为一个生活于共同生态环境的群体，有着共同的环境权益；绿色社区将环境管理纳入了社区管理，而保护居民的环境权益也自然成了社区管理的内容，当出现了社区范围内的环境问题或环境纠纷时，绿色社区管理体系就可以出面联系有关方面解决、协调，从而保护居民的环境权益。

### （二）帮助大家履行环保责任

公民的环境权利和责任包括关心环境质量、监督环境执法、参与政策建议及选择绿色生活。绿色社区作为环境管理的体系，把分散的个人履行环保责任融为一个整体，使个人的责任成为容易实现和可以操作的事情。

### （三）增强人们的环境意识和文明素养

通过持续的环保宣传教育和一系列的环保活动，可以形成渗透性的效果，使社区的居民更加关注环境质量。居民在使自己的行为环保化的同时，也提高了自己的文明素养程度。而且，在一个环境优美的社区里生活，对每个居民的行为也是一种约束。

### （四）创造与自然和谐的生活环境

绿色社区的建设包括硬件和软件。硬件建设给社区居民创造了良好的外部生活环境；软件建设中的选择绿色生活方式，其实质就是关爱地球、关爱生命、保护自然、与自然和谐相处。

### （五）通过节能、节水、垃圾回收等获得经济效益

家庭里节能、节水的经济效益无疑是明显的。至于垃圾分类回收，或许一个家庭并没有从中获得可观的收益，但其社会效益却是巨大的，一是使有限的地球资源重复使用，以满足子孙后代的无限需要；二是减少垃圾量，减少耕地占用，减轻对环境的污染。

## 四 绿色社区建设工作要点

### （一）建立联席会

绿色社区联席会是绿色社区的管理核心。在政府有关部门、居委会、物业公司、民间组织、居民代表等构成要素中，选择联席会建立形式，负责社区的环境教育和环境管理。

### （二）建立志愿者队伍

志愿者队伍是绿色社区的环保骨干力量。要建立积极参与环保活动，带头做绿色家

庭，并带动其他家庭的志愿者队伍。

### （三）发放绿色家庭环保表

将社区的环保活动和社区家庭的绿色生活方式结合起来，通过发放绿色家庭环保表等形式，将绿色社区的环境管理落实到每个家庭。

### （四）进行绿色社区培训

对街道办事处的有关人员、居委会干部、社区志愿者队伍进行绿色社区建设的培训。可以延伸到社区孩子的环保培训，把校园环保和社区环保结合起来，把培训学校的老师和培训社区的志愿者结合起来。和社区周围的中、小学一起，共同联手，开展各种环保活动。

### （五）组织系列环保活动

绿色社区有计划组织一系列环保活动，如参观垃圾填埋场、看垃圾展览，宣传节能灯、无磷洗衣粉，参与政策建议，就一些环境政策、建设工程等举行公民听证会等，提高社区居民对环保的认识，提高参与环保的自觉性。

### （六）大学生进社区

组织大学生到社区宣传环保知识，传播绿色文明，把校园环保与社区环保结合起来，参与社区的环保活动。

### （七）评选绿色家庭

衡量绿色家庭最明显的标准是选择绿色生活，更高的标准是积极参加环保活动，履行公民在关心环境质量、监督环境执法、参与政策建议方面的环境权利和责任。定期举行家庭环保竞赛，评选绿色家庭，带动全社区绿色环保建设。

### （八）召开绿色社区联谊会，分享交流经验

社区联席会负责创建绿色环保社区联谊会，通过组织有奖问答、环保知识讲座等活动，使社区居民在联谊、娱乐的同时了解更多的环保知识，并将绿色环保理念带到每个家庭，从而担负起环保责任。

### （九）组织绿色社区的国际交流

绿色社区的发展，最终走国际化发展的道路。通过举办以绿色社区为主题的国际性学术论坛、建设材料博览会等，就绿色社区的理论、规划、建构、管理等内容进行国际性交流，推进绿色社区国际化发展进程。

## 五 垃圾分类工作要点

### （一）垃圾分类概述

我国垃圾处理的方法，大多是传统的堆放填埋方式，占用土地，虫蝇乱飞，污水四溢，臭气熏天，严重污染环境。因此，进行垃圾分类收集，可以减少垃圾处理量和处理设备，降低处理成本，减少土地资源的消耗，变废为宝，具有社会、经济、生态三方面的效益。

我国生活垃圾一般可分为可回收垃圾、厨余垃圾、有害垃圾和其他垃圾四大类。目前常用的垃圾处理方法主要有综合利用、卫生填埋、焚烧和堆肥。

**1. 可回收垃圾**

可回收垃圾是指可以再生循环的垃圾。本身或材质可再利用的纸类、硬纸板、玻璃、塑料、金属、人造合成材料包装，与这些材质有关的如报纸、杂志、广告单及其他干净的纸类等，皆可回收。可回收垃圾主要包括废纸、塑料、玻璃、金属和布料五大类。废纸主要包括报纸、期刊、图书、各种包装纸、办公用纸、广告纸、纸盒等，但是纸巾和厕所纸由于水溶性太强不可回收，不属此类。塑料主要包括各种塑料袋、塑料包装物、一次性塑料餐盒和餐具、牙刷、杯子、矿泉水瓶等。玻璃主要包括各种玻璃瓶、碎玻璃片、镜子、灯泡、暖瓶等。金属物主要包括易拉罐、罐头盒、牙膏皮等。布料主要包括废弃衣服、桌布、洗脸巾、书包、鞋等。通过综合处理回收利用，可以减少污染，节省资源。例如，每回收 1 吨废纸可造好纸 850 千克，节省木材 300 千克，比等量生产减少污染 74%；每回收 1 吨塑料饮料瓶可获得 0.7 吨二级原料；每回收 1 吨废钢铁可炼好钢 0.9 吨，比用矿石冶炼节约成本 47%，减少空气污染 75%，减少 97% 的水污染和固体废物。

**2. 厨余垃圾**

厨余垃圾是有机垃圾的一种，分为熟厨余垃圾和生厨余垃圾。熟厨余垃圾包括剩菜、剩饭、菜叶；生厨余垃圾包括果皮、蛋壳、茶渣、骨、扇贝。厨余垃圾泛指家庭生活饮食中所需用的来源生料及成品（熟食）或残留物。但广义的厨余垃圾还包括用过的筷子、食品的包装材料等。

**3. 有害垃圾**

有害垃圾是指对人体健康或者环境造成现实危害或者潜在危害的废弃物，同时包括对人体健康有害的重金属或有毒物质废弃物。它们需要特殊安全处理。2003 年我国建设部提出的《城市生活垃圾分类标志》的国家标准明确区分出了"有害垃圾"这一类，对它的定义是"表示含有害物质，需要特殊安全处理的垃圾，包括电池、灯管和日用化学品等"，并规定其收集容器应为红色。

**4. 其他垃圾**

其他垃圾包括除上述几类垃圾之外的砖瓦陶瓷、渣土、卫生间废纸、纸巾等难以回收的废弃物，采取卫生填埋法可有效减少其对地下水、地表水、土壤及空气的污染。

## （二）垃圾分类的工作任务

垃圾分类是绿色社区不可或缺的内容。它既是硬件建设的重要部分，需要设置分类垃圾桶、生物垃圾处理机等，又是软件建设的组成要项。这项特殊的系统工程，需要全体居民的参与，需要政府、企业、公众各方面的通力合作。

### 1. 政府的任务重点

建立多元化投资和市场运作机制。生活垃圾处理设施的建设，采用政府引导、企业参与的新机制，在政府规划的宏观指导下，引入多元化投资模式，增大企业参与投资和运营的力度。对于垃圾分类工作，政府的任务重点：①对垃圾分类增加投入，包括引进外资和高新技术，以改善垃圾处理的基础设施和能力。有条件的小区要有计划地推广使用生物垃圾减量处理设施。②协调和调整政府有关部门的职能，制定垃圾分类处理企业的资质标准和管理办法，将居民小区的保洁纳入企业管理范畴，建立由政府统筹、企业加盟的产业化运作机制。③购置专用垃圾分类清运专业车辆，设计专业车辆标志交企业运用，按需发放清运车的通行证。④建立供垃圾分拣的专门场地。⑤制定有关垃圾分类回收和监管的法律、法规。⑥成立环境专家评估组，对政府环卫部门转到企业的资产进行评估。⑦制定对企业的支持、扶持和减免税费政策，如在服务区内，每户服务对象每年缴纳的垃圾保洁费和清运费划归企业使用，不向企业征收管理费，以增加该领域的吸引力，并使现有企业不断壮大，迅速扩大分类垃圾正常回收、清运的覆盖面。⑧制定垃圾分类标准，统一分类回收容器的颜色和标识，加强垃圾分类收集设施的建设。⑨购置生物垃圾处理设备，对生物垃圾进行源头处理，使垃圾减量见到实效，让居民切实感受到垃圾分类的好处，从而增加居民参与垃圾分类的积极性。⑩减少对居民垃圾费的征收，让居民用结余的费用自行购置专用的垃圾分类袋。⑪对垃圾分类回收进行管理和监督，并设立专门的投诉电话。⑫加大媒体对垃圾分类回收的宣传力度，做到家喻户晓。⑬印制垃圾分类手册、宣传资料、招贴画，发放到单位、学校、社区。⑭在社区、校园、机关等张贴垃圾分类宣传画，制造宣传氛围。⑮通过学校教育孩子，垃圾分类从孩子做起。⑯奖励垃圾分类做得好的社区、学校、机关及个人，并通过媒体报道宣传推广。⑰社区备有垃圾分类专用袋，印有垃圾分类宣传口号和分类垃圾的种类，方便居民购买和使用。⑱建立垃圾分类监管机制。⑲对不自觉进行垃圾分类的居民，应耐心教育和疏导，使其提高认识。对经多次教育仍拒不实行垃圾分类的居民，给予经济制约。⑳表彰垃圾分类做得好的家庭。

### 2. 企业的任务重点

对于垃圾分类工作，企业的任务重点如下：①承担以前由政府运作的垃圾分类的部分职能。②配合政府摸索可行的回收产业的税收和优惠政策。③给机关、企事业单位、学校、社区提供足够的分类垃圾桶。④负责分类垃圾的收集、收购、清运和处理，承担社区的保洁、不可回收物的运输和清纳处理。⑤遵守国家有关垃圾分类回收的法律、法规。⑥积极研发和采用高新技术，推广垃圾资源化、无害化处理的技术。

### 3. 公众的任务重点

垃圾分类逐渐深入公众的生活。在大街小巷，各式各样色彩缤纷的分类垃圾桶随处可见，政府为垃圾分类提供了各种便利的条件。对于垃圾分类工作，公众的任务重点如下：①协助政府推动垃圾分类政策的落实和依照法规管理。②探索分类垃圾回收处理的新途径。③宣传、教育、动员更多居民参与垃圾分类。④建立与垃圾分类有关的家庭档案。⑤组织社区垃圾分类培训，提高居民的环境意识。⑥组织市民参观如"垃圾与环境展"、垃圾分拣站及垃圾填埋场，亲身感受垃圾给环境造成的危害。⑦做好源头分类。社区居民自行将垃圾分为可回收物（废纸、废塑料、废玻璃、废金属）、不可回收物（灰土，菜叶、瓜果皮核等厨余物），并分类投放。⑧建立垃圾分类热线电话，解答有关垃圾分类问题的咨询，收集对垃圾分类工作的意见和建议，及时和有关部门沟通，使垃圾分类工作顺利进行。

# 第三节 生态城市建设

## 一、生态城市的含义

### （一）生态城市的概念

生态城市，也称生态城，是指社会、经济、自然协调发展，物质、能量、信息高效利用，技术、文化与景观充分融合，人与自然的潜力得到充分发挥，居民身心健康，生态持续和谐的集约型人类聚居地。从广义上来讲，生态城市是建立在人类对人与自然关系更深刻认识基础上的新的文化观，是按照生态学原则建立起来的社会、经济、自然协调发展的新型社会关系，是有效地利用环境资源实现可持续发展的新的生产和生活方式。从狭义上来讲，生态城市是按照生态学原理进行城市设计，建立高效、和谐、健康、可持续发展的人类聚居环境。

生态城市是一种趋向尽可能降低对于能源、水或是食物等必需品的需求量，也尽可能降低废热、二氧化碳、甲烷与废水的排放的城市生态新系统。它是一个经济高度发达、社会繁荣昌盛、人民安居乐业、生态良性循环保持高度和谐，城市环境及人居环境清洁、优美、舒适、安全，失业率低，社会保障体系完善，高新技术占主导地位，技术与自然达到充分融合，最大限度地发挥人的创造力和生产力，有利于提高城市文明程度的稳定、协调、持续发展的人工复合生态系统。

### （二）生态城市的提出

苏联生态学家 O. Yanitsy（1984）首次正式提出"生态城市"概念，认为生态城市是一种理想城模式，其中技术和自然充分融合，人的创造力和生产力得到最大限度的发挥，而居民的身心健康和环境质量得到最大限度的保护，物质、能量、信息高效利用，生态良性循环。

　　"生态城市"在20世纪70年代联合国教科文组织发起的"人与生物圈计划"研究过程中作为一个重要概念，一经提出立刻受到全球广泛关注。20世纪90年代以来，很多科学家、政治家、社会学家和有识之士，陆续提出了人类文明的低碳生态发展方向，使得城市发展的模式面临着朝发展生态城市方向的转型。

　　从生态学的观点来看，城市是以人为主体的生态系统，是一个由社会、经济和自然三个子系统构成的复合生态系统。一个符合生态规律的生态城市应该是结构合理、功能高效、关系协调的城市生态系统。这里所谓结构合理，是指适度的人口密度、合理的土地利用、良好的环境质量、充足的绿地系统、完善的基础设施、有效的自然保护；功能高效是指资源的优化配置、物力的经济投入、人力的充分发挥、物流的畅通有序、信息流的快速便捷；关系协调是指人和自然协调、社会关系协调、城乡协调、资源利用和资源更新协调、环境胁迫和环境承载力协调。概而言之，生态城市应该是环境清洁优美、生活健康舒适、人尽其才、物尽其用、地尽其利、人和自然协调发展、生态良性循环的城市。

　　"生态城市"作为对传统的以工业文明为核心的城市化运动的反思、扬弃，体现了工业化、城市化与现代文明的交融与协调，是人类自觉克服"城市病"、从灰色文明走向绿色文明的伟大创新。它在本质上适应了城市可持续发展的内在要求，标志着城市由传统的唯经济增长模式向经济、社会、生态有机融合的复合发展模式的转变。它体现了城市发展理念中传统的人本主义向理性的人本主义的转变，反映出城市发展在认识与处理人与自然、人与人关系上取得的新突破，使城市发展不仅仅追求物质形态的发展，更追求文化上、精神上的进步，即更加注重人与人、人与社会、人与自然之间的紧密联系。

　　"生态城市"与普通意义上的现代城市相比，有着本质的不同。生态城市中的"生态"已不再是单纯生物学的含义，而是综合的、整体的概念，蕴含社会、经济、自然的复合内容，已经远远超出了过去所讲的纯自然生态，已成为自然、经济、文化、政治的载体。生态城市中"生态"两个字，实际上包含了生态产业、生态环境和生态文化三个方面的内容。生态城市建设不再仅仅是单纯的环境保护和生态建设，生态城市建设内容涵盖了环境污染防治、生态保护与建设、生态产业的发展（包括生态工业、生态农业、生态旅游）、人居环境建设、生态文化等方面，涉及各部门各行业，这正是可持续发展战略的要求。因此，在本质上，生态城市建设是在区域水平上实施可持续发展战略的一个平台和切入点。生态城市建设是全面提升城市生态环境保护工作的重要载体，是全民参与的生态环境保护运动，只有通过生态城市建设才能最大限度地推动城市的可持续发展，改善城市的生态环境质量，为实现全面小康的目标打下坚实的基础。

　　进入21世纪，随着生态文明理念的传播，我国的生态城市建设方兴未艾。《2013—2017年中国生态城市规划行业深度调研与投资战略规划分析报告》数据显示，自1996年以来，中国推行了一系列建设生态城市的建设方案，带动了我国生态城市的发展进程。截至2011年年底，我国287个地级以上城市中提出"生态城市"建设目标的城市有230多个，所占比重在80%以上；提出"低碳城市"建设目标的城市有130多个，所占比重接近50%。在我国，生态城市建设成为实现该目标的重要手段。

# 生态城市的标准与特点

## （一）生态城市的标准

### 1. 确定生态城市标准的原则

创建生态城市的标准，由社会生态、自然生态、经济生态三方面原则确定。社会生态原则是以人为本，满足人的各种物质和精神方面的需求，创造自由、平等、公正、稳定的社会环境。自然生态原则是给自然生态以优先考虑最大限度地予以保护，使开发建设活动一方面保持在自然环境所允许的承载力范围内，另一方面减少对自然环境的消极影响，增强其健康性。经济生态原则是保护和合理利用一切自然资源和能源，提高资源的再生和利用，实现资源的高效利用，采用可持续生产、消费、交通、居住的发展模式。

### 2. 创建生态城市的标准

创建生态城市有如下基本标准：①广泛应用生态学原理规划建设城市，城市结构合理、功能协调；②保护并高效利用一切自然资源与能源，产业结构合理，实现清洁生产；③采用可持续的消费发展模式，物质、能量循环利用率高；④有完善的社会设施和基础设施，生活质量高；⑤人工环境与自然环境有机结合，环境质量高；⑥保护和继承文化遗产，尊重居民的各种文化和生活特性；⑦居民的身心健康，有自觉的生态意识和环境道德观念；⑧建立完善的、动态的生态调控管理与决策系统。

## （二）生态城市的特点

### 1. 和谐性

生态城市的和谐性，不仅反映在人与自然的关系上，人与自然共生共荣，人回归自然，贴近自然，自然融于城市，更重要反映在人与人的关系上。现在人类活动促进了经济增长，却没能实现人类自身的同步发展。生态城市是营造满足人类自身进化需求的环境，充满人情味，文化气息浓郁，拥有强有力的互帮互助的群体，富有生机与活力。生态城市不是一个用自然绿色点缀而僵死的人居环境，而是关心人、陶冶人的"爱的器官"。文化是生态城市重要的功能，文化个性和文化魅力是生态城市的灵魂。这种和谐乃是生态城市的核心内容。

### 2. 高效性

生态城市一改现代工业城市"高能耗""非循环"的运行机制，提高一切资源的利用率，物尽其用，地尽其利，人尽其才，各施其能，各得其所，优化配置，物质、能量得到多层次分级利用，物流畅通有序，住处快流便捷，废弃物循环再生，各行业各部门之间通过共生关系进行协调。

### 3. 持续性

生态城市以可持续发展思想为指导，兼顾不同时期、空间，合理配置资源，公平地满足现代人及后代人在发展和环境方面的需要，不因眼前的利益而以"掠夺"的方式促进城市暂时"繁荣"，保证城市社会经济健康、持续、协调发展。

**4. 整体性**

生态城市不是单单追求环境优美或自身繁荣，而是兼顾社会、经济和环境三者的效益，不仅仅重视经济发展与生态环境协调，更重视对人类质量的提高，是在整体协调的新秩序下寻求发展。

**5. 区域性**

生态城市作为城乡的统一体，其本身即一个区域概念，它是建立在区域平衡上的，而且城市之间是互相联系、相互制约的，只有平衡、协调的区域，才有平衡、协调的生态城市。生态城市是以人—自然和谐为价值取向的，就广义而言，要实现这目标，全球必须加强合作，共享技术与资源，形成互惠的网络系统，建立全球生态平衡。

**6. 前瞻性**

生态城市不仅重视经济发展与生态环境相协调，更注重人类生活质量的提高，也不会因眼前利益而用"掠夺"其他地区的方式来换取自身暂时的"繁荣"，或牺牲后代的利益来保持目前的发展。

**7. 合理性**

一个符合生态规律的生态城市应该是结构合理的。具备合理的土地利用、好的生态环境、充足的绿地系统、完整的基础设施、有效的自然保护等特点。

# 三　我国生态城市的发展目标及意义

## （一）我国生态城市的发展目标

我国自 20 世纪 80 年代开始生态环境建设的探索。1999 年，海南省率先获得国家批准建设生态省，之后，吉林、黑龙江、陕西、福建、山东、四川等省先后提出建设生态省。天津、广州、上海、宁波、昆明、成都等 20 多座城市先后提出了建设生态城市的奋斗目标。生态城市的发展目标是要实现人与自然的和谐，这包括人与人的和谐、人与自然的和谐、自然系统的和谐三个方面的内容。其中，追求自然系统和谐、人与自然和谐是基础和条件，实现人与人和谐是建设生态城市的根本和目的。生态城市不仅能"供养"自然，而且能满足人类自身进化、发展的需求，达到"人和"。目前，我国各地推进生态城市建设的积极性很高，有 200 多个城市或者区都先后提出了低碳城市、绿色城市等口号，紧凑、低碳、经济、和谐，是我国今后生态城市发展的基本目标。

## （二）建设生态城市的意义

生态城市建设的途径是通过实施城市生态化战略，促使社会、经济和自然协调发展，最终实现人与自然和谐发展的根本目标。建设生态型城市，既是顺应城市演变规律的必然要求，也是推进城市的持续快速健康发展的需要。

**1. 生态城市建设是社会发展的必然趋势，有利于保护自然资源**

工业革命以来，城市已逐渐退化为物理意义上的城市，它本身不健康，使得整个地球也不健康。城市在发挥着区域经济凝聚中心、驱动源泉、人类聚集作用的同时，城市问题也越来越严重。生态城市的提出，是基于人类生态文明的觉醒和对传统工业化与城市化的反思。如今世界人口一半以上和中国人口的1/3以上已居住在城市，把城市建设成合乎生态要求的人类理想家园，这已是人们的不懈追求。

**2. 生态城市建设有利于提升城市的整体素质，增强城市综合实力**

21世纪是生态世纪，即人类社会将从工业化社会逐步迈向生态化社会的世纪，从某种意义上来讲，下一轮的国际竞争实际上是生态环境的竞争。对城市来说，哪个城市生态环境好，哪个城市就能更好地吸引人才、资金和物资，处于竞争的有利地位。因此，生态城市建设已成为下一轮城市竞争的焦点，许多城市把生态城市建设作为奋斗目标和发展模式，这是明智之举，更是现实选择。生态城市建设有利于城市高起点步入世界绿色科技先进领域，提高城市在国内外的市场竞争力和形象。

**3. 生态城市建设有利于解决城市发展难题，实现城市经济跳跃式发展**

随着社会经济的发展和人口的迅速增长，城市中诸如大气污染、水污染、垃圾污染、地面沉降、噪声污染等问题，城市的基础设施落后、水资源短缺、能源紧张情况，城市的人口膨胀、交通拥挤、住宅短缺、土地紧张以及城市的风景旅游资源被污染、名城特色被破坏等矛盾，日渐显著。这些问题都是城市经济发展与城市生态环境之间矛盾的反映，建立一个人与自然关系协调与和谐的生态城市，可以有效解决这些矛盾。

**4. 生态城市建设有利于提高人民生活的质量，实现社会的全面进步**

城市生态环境是人类生态环境的一部分，城市正处在大规模建设、改变自然与人类环境的关键时期，处在发展的高潮时期，随着人民生活的追求层次发生变化，自然、生态成为人们的一种向往，健康型生态居住环境是人们的最迫切需求。城市居民对生活的追求将从数量型转为质量型、从物质型转为精神型，生态休闲正在成为市民日益增长的生活需求。生态城市建设恰恰可以满足人们对户外休闲的需求，通过生态城市建设，引领人们生活方式、生存方式的潮流，引导人们按规律去生产、生活、生存，提高人民生活质量。

## 四 生态城市建设内容

### （一）城市生命

城市生态系统的生存与发展取决于其生命支持系统的活力，包括区域生态基础设施（光、热、水、气候、土壤、生物等）的承载力、生态服务功能的强弱、物质代谢链的闭合与滞竭程度，以及景观生态的时、空、量等的整合性，重点在以下几个方面。

### 1. 水资源利用

第一，市区的水资源利用。开发各种节水技术，节约用水；雨、污水分流，建设储蓄雨水的设施；路面采用不含锌的材料，下水道口采取隔油措施等；并通过湿地等进行自然净化。第二，郊区的水资源利用。保护农田灌溉水；控制农业面源污染、禽畜牧场污染，在饮用水源地退耕还林；集中居民用地以更有效地建设、利用水处理设施。

### 2. 能源

节约能源，建筑物充分利用阳光，开发密封性能好的材料，使用节能电器等；开发永续能源和再生能源，充分利用太阳能、风能、水能、生物制气。能源利用的最终方式是电和氢，气使污染达到最小。

### 3. 交通

发展电车和氢气车，使用电力或清洁燃料；市中心和居民区限制燃油汽车通行；保留特种车辆的紧急通道。通过集中城市化、提高货运费用、发展耐用物品来减少交通需求；提高交通用地的利用效率；发展船运和铁路运输等。

### 4. 绿地系统

打破城郊界限，扩大城市生态系统的范围，努力增加绿化量，提高城市绿地率、覆盖率和人均绿地面积，调控好公共绿地均匀度，充分考虑绿地系统规划对城市生态环境和绿地游憩的影响；通过合理布局绿地来减少汽车尾气、烟尘等环境污染；考虑生物多样性的保护，为生物栖境和迁移通道预留空间。

## （二）人居环境

城市的表现形式是社区的格局、形态，人作为复合生态系统的主体，其日常活动对城市生态系统的好坏起着重要作用。因此，生态城市规划中强调社区建设，创造和谐优美的人居环境。

### 1. 生态建筑

开发各种节水、节能生态建筑技术，建筑设计中开发利用太阳能，采用自然通风，使用无污染材料，增加居住环境的健康性和舒适性；减少建筑对自然环境的不利影响，广泛利用屋顶、墙面、广场等立体植被，增加城市氧气产生量；区内广场、道路采用生态化的"绿色道路"，如用带孔隙的地砖铺地，孔隙内种植绿草，增加地面透水性，降低地表径流。

### 2. 生态景观

强调历史文化的延续，突出多样性的人文景观。充分发掘、利用当地的自然、文化潜力（生物的和非生物的因素），以满足居民的生活需要；建设健康和多样化的人类生活环境。

### 3. 生态产业

生态产业是按生态经济原理和知识经济规律组织起来的基于生态系统承载能力，具有高效的经济过程及和谐的生态功能的网络型、进化型产业。它通过两个或两个以上的生产体系之间的系统耦合，使物质、能量能多级利用、高效产出，资源、环境能系统开发、持续利用。生态产业注重改变生产工艺，合理选择生产模式。循环生产模式能使生产过程中向环境排放的物质减少到最低限度，实现资源、能源的综合利用。生态产业规划通过生态产业将区域国土规划、城乡建设规划、生态环境规划和社会经济规划融为一体，促进城乡结合、工农结合、环境保护和经济建设结合，为企业提供具体产品和工艺的生态评价、生态设计、生态工程与生态管理方法。

### 4. 环境教育

城市活动的最终主体是人，强调人人参与，普及对各层次、各行业市民的环境教育是创建生态城市的重要保障，也是生态城市规划的一个重要方面。典型做法：第一，为市场运作创造条件，通过与经济利益相结合，将环保事业推向市场；第二，创造合作的机会，如学校、机关和社区等，扩大社会影响；第三，深入宣传生态思想，使具转化为每个人日常生活中的切实行动；第四，通过政策、法令强制执行。

## 五　生态城市建设工作要点

生态城市是社会、经济、自然协调发展，物质、能量、信息高效利用的人类聚居地，是一个社会和谐进步、经济高效运行、生态良性循环的城市，生态城市建设的工作要点有以下几个方面。

### （一）生态城市建设的核心是经济发展

生态经济构成了生态城市的基础。建筑在清洁生产和循环经济基础上的经济发展，是生态城市的不竭动力。这是完全不同于农业经济和工业经济的生态经济。21 世纪是生态经济的时代。生态经济遵循以最小投入获得最大产出的经济法则，不仅是可持续发展和人类生存的需要，更是市场竞争、优胜劣汰的必然选择。

### （二）精心编制生态城市建设规划

生态城市建设规划以统筹区域经济、社会和环境、资源的关系为基础，对生态城市建设有指导作用。为此，需要精心编制生态城市建设规划。第一，高标准制定生态城市指标体系。生态环境部颁布的《生态县、生态市、生态省建设指标（试行）》是编制生态城市规划参考的蓝本。其指标包括生态环境良好并不断趋向更高水平的平衡，环境污染基本消除，自然资源得到有效保护和合理利用；稳定可靠的生态安全保障体系基本形成；环境保护法、法规、制度得到有效的贯彻执行；以循环经济为特色的社会经济加速发展；人与自然和谐共处，生态文化有长足的发展；城市、乡村环境整洁优美，人民生活水平全面提高。第二，进行生态城市建设规划思路创新。生态城市由不同的功能区构成，包括行政商务中心、生态居住区、生态工业园区、生态科技园区、生态公园、广场、景观、绿化带、河流、道路等。如果按照行政商务中心相对集中而其他各个功能区相对间隔、独立形成发散式结构，那么城市规划的思路就会豁然开朗。在各个功能小区之间的农田、菜园、自然荒地、河流、湿地、林地、"城中村"，是生态城市不可或缺的有机组成部分。

### （三）加速产业生态化和环保产业化进程

循环经济从根本上消除了长期以来环境与发展之间的尖锐冲突，把两者高度地统一起来，由"先污染后治理"的被动环保，到"边污染边治理"的次优环保，再到把清洁生产贯穿于整个产业链的循环经济，实现了质的飞跃。因而，经济发展的根本思路就是发展循环经济。按照循环经济内在要求，对整个产业进行调整和改造：一是产业结构的生态化。在橡胶、化工、造纸、食品等污染较重的传统产业，大力推进清洁生产，将现有的"资源—产品—废物排放"的开放式经济流程转化为"资源—产品—再生资源"的闭环式经济流程，实现资源的减量化、废弃物的资源化。按照生态园的标准建设工业园区。把相互之间有较强"食物链"关系的各产业主体放在一个园区内，形成资源共享、产业互动的生态结构，提高资源、能源的利用效率，变废物为资源，达到园区经济和环境的同步优化。二是环保行业的产业化。环保产业化，视情况采用官建民营、民办官督、合股建设、分散处理等模式。在新建的小区或边远地区修建小型污水处理厂，处理后的中水用于小区绿化。

### （四）建立健全与生态城市相适应的政府管理体制

从两个方面建立健全与生态城市相适应的政府管理体制：第一，廉洁、高效、透明的政府体制是生态城市建设的保证。政府要建立合作、协商、包容、透明、信息共享的开放机制，在政府与民众、企业之间形成合作互动、平等交流的新型关系，共同建设生态城市。强化城建环保主管部门的职能和地位，赋予它们参与生态城市建设规划、决策、实施、资源调配的权力。加强环境监护专业队伍建设，提高人员素质，使生态城市建设真正纳入法律化、制度化轨道。第二，建立健全科学的政绩考核制度。政绩考核是领导干部的行为导向器。政绩考核要包含经济发展、环境保护、社会进步三个方面，科学设置绿色GDP 和资源、人才、环境、社会的总资本等指标，使政绩考核真正成为生态城市建设的助推器。

### （五）积极营造全民知晓、从我做起的浓厚生态文化氛围

从三个方面积极营造全民知晓、从我做起的浓厚生态文化氛围：第一，充分利用各种渠道和方式，不断增强公民的生态环保意识。生态文明对应生态经济。把生态文明纳入社会主义精神文明建设全过程，开展丰富多彩的生态环保教育活动，弘扬中华民族"天人合一""知足常乐"等体现人与人、人与自然和谐相处的优秀文化传统，使生态环保意识深入人心，变成人人的自觉行动。第二，从细微之处做起，培养科学的生态生活方式和工作方式。要倡导多使用公交车、环保车，限制摩托车；倡导使用布袋子、菜篮子、饭盒子，

拒绝"白色污染";倡导"绿色旅馆""绿色饭店",禁止一次性用品;倡导"绿色食品""有机食品",拒绝污染食品;倡导"绿色生活""绿色家庭",拒绝非科学生活;倡导使用清洁能源,拒绝高耗、污染能源;倡导垃圾分类固定放置,禁止垃圾混放和随手乱丢。第三,从儿童抓起,搞好生态文化教育。家庭、学校、社会三管齐下,向儿童传播生态环保知识,灌输生态环保意识,培养生态环保行为方式,使每个人在社会化的过程中,都将生态文化、观念、意识渗入其骨髓,科学的生态行为方式内化为其下意识的自觉行为,为生态城市建设培养造就成千上万的生态公民。

## 六 建设生态城市的有效路径

### (一)增强生态意识,坚持绿色发展

城市经济发展与保护生态环境是不可分割的整体,保护环境就是保护资源,保护生产力就是保护人类自己。城市建设要有更强的生态意识,不能以牺牲环境换取短期的经济发展。

### (二)坚持"以人为本",明确城市定位

城市规划体现了生态经济的基本原则,体现了经济与自然的协调配合,体现了人与自然、人与社会文化的融合。因此,城市规划要明确城市定位,以人为本,要对城市的体型、空间环境包括城市的各类建筑、公用设施、园林小区等,作出整体综合的构思与设计,体现城市功能多方面的要求。同时,在城市建设过程中避免对自然遗产、文物古迹等的破坏,多留遗产,少留遗憾。

### (三)遵循生态规律,调整产业结构

产业发展是城市发展的一个重要问题,关系到城市整体发展目标。新时期,不同区域、不同性质、不同工业化水平的城市产业结构有明显区分。中国实现生态城市战略目标,首先要实现传统的产业革命,完成工业化任务,同时在世界高新技术革命浪潮下,迎头赶上新技术革命。为了实现这双重任务,一方面要用新技术来改造和发展传统产业,使其获得新的生命力;另一方面要有重点、有选择地发展高新技术及其产业群,占领高新技术领域的制高点。

### (四)加强政策引导,健全有效机制

充分发挥政策引导的作用,建立健全建设生态城市的有效机制,要做到以下三点:第一,制定政策。把生态城市和城市生态经济建设放在首位,加大城市建设的绿色含量,强化城市的生态功能,统筹城市经济发展。第二,加大环保执法力度。建立严密、操作性强的执法监督机制。第三,建立生态环境建设领导干部政绩考核制度。政绩考核包含经济发展、环境保护、社会进步三个方面,科学设置绿色 GDP 和资源、环境、人才等指标,使政绩考核成为生态城市建设的助推器。

知识链接

## 生态文明建设的河北范例

——塞罕坝践行绿色发展理念的经验和启示

塞罕坝机械林场地处承德北部，是京津的北部屏障。自建场以来，在自然条件极其恶劣的情况下，塞罕坝人阻断沙源，修复生态，历时半个多世纪，营造了上百万亩森林，将"飞鸟无栖树，黄沙遮天日"的荒凉沙海变成名副其实的"美丽高岭"；在塞罕坝机械林场基础上建立的塞罕坝国家森林公园，是华北地区面积最大、兼具森林草原景观的国家级森林公园，被誉为"河的源头、云的故乡、花的世界、林的海洋、珍禽异兽的天堂"。塞罕坝的绿水青山发挥了显著的生态效益。据中科院课题组测算，塞罕坝林场通过阻沙涵水、净化空气、调节气候、保护物种多样性、旅游休闲等方式，每年提供超过 120 亿元的生态服务价值，泽被京津，造福地方。尤为难得的是，塞罕坝机械林场将绿水青山转换为"金山银山"。建场以来，林木总蓄积量由建场前的 33 万立方米增加到 1012 万立方米，累计出产中小径级木材 192 万立方米；建设了 8 万亩优质苗木基地，带来可观的收入；森林旅游的发展，带动了周边地区的乡村游、农家乐、养殖业、山野特产、手工艺品、交通运输等外围产业的发展，目前每年可实现社会总收入 6 亿多元；在全国碳汇市场上，机械场的造林碳汇项目和森林经营碳汇项目可为塞罕坝机械林场带来超亿元的收入。曾经高寒荒凉的塞罕坝，创造了大量就业岗位，带动着一方经济的发展。

习近平总书记将国人对绿水青山和金山银山间辩证关系的认识归纳为三个阶段：第一个阶段是用绿水青山去换金山银山，不考虑或者很少考虑环境的承载能力，一味索取资源。第二个阶段是既要金山银山，也要保住绿水青山，这时候人们意识到环境是我们生存发展的根本，要留得青山在，才能有柴烧。第三个阶段是认识到绿水青山可以源源不断地带来金山银山，绿水青山本身就是金山银山，将生态优势变成经济优势。塞罕坝人生动地见证了绿水青山是如何变成金山银山的，为我们党治国理政的新理念提供了生动的例证。

党的十八大提出统筹推进经济、政治、文化、社会、生态文明"五位一体"总体布局，把生态文明建设纳入中国特色社会主义建设的总体布局。中共十八届五中全会进一步提出创新、协调、绿色、开放、共享五大发展理念，指出绿色是永续发展的必要条件和人民对美好生活追求的重要体现，必须坚持节约资源和保护环境的基本国策，坚持可持续发展，加快建设资源节约型、环境友好型社会，形成人与自然和谐发展的现代化建设新格局。可以说，确立绿色发展理念是建设生态文明的必要前提，也是习近平总书记提出的"绿水青山就是金山银山"思想的升华，是我们党治国理政思想的突破和提升。

为落实生态文明发展战略，河北省大力开展污染治理，全面推进山水林田湖海综合整治：实施了"蓝天、碧水、净土"行动；通过精准确定生态功能分区、合理确定耕地和生态用地规模、加大退耕还林还草还湿和天然林保护力度、落实最严格水资源管理制度等，全面推进生态修复；转变经济增长方式，促进经济生态协调发展；完善生态建设机制，推进环保工作法制化、市场化、严格监管常态化。在推进生态文明建设的过程中，塞罕坝机械林场示范效应显著。笔者认为，是塞罕坝人的生态文明意识、科技创新精神和规则制度建设为塞罕坝奇迹插上了翅膀，这值得认真学习和借鉴。

（一）意识的转变是生态文明建设的前提

强调意识转变似乎是老生常谈，是务虚的。是的，面对不得不呼吸的雾霾，谁能说生态文明的建设不重要呢？然而，真正使绿色发展理念深入人心，指导我们的生产生活并非易事。塞罕坝林场的建设肇始于风沙侵扰京津的现实，虽然"为京津阻沙源、为京津蓄水源"的信念令人鼓舞，然而，恶劣的环境、匮乏的物质条件让塞罕坝两代人为造林付出极其艰苦的努力，其中的甘苦不是一句"勇于奉献"所能概括的。将林场的可持续发展作为指导方针恐怕人人都同意，然而，要落在实处需要面对众多矛盾和冲突，如何平衡不同利益群体的诉求、平衡当下物质需求和长远的经济发展等，都是需要解决的问题。从提高认识到转化为行动，要跨过文化、习惯、经济、环境、制度等各方面的障碍。也正因如此，塞罕坝人从认识到行动的强大的执行力才更加令人钦佩。

（二）科技创新是生态文明建设的翅膀

在塞罕坝机械林场的建设中，科技创新是生产效率提高的核心要素。在创业初期，因缺乏在高寒、高海拔地区造林的经验，林场连续两年造林成活率不到8%，整个项目几乎要停摆。在掌握了全光育苗技术、"大胡子、矮胖子"优质壮苗的技术要领之后，才彻底解决了大规模造林的苗木供应问题。"三锹半"人工缝隙植苗技术、容器苗技术的推广，有效保障了成活率。总结了以修枝、抚育间伐、低产林改造为主的适合塞罕坝特点的森林经营模式，才保证了林场的可持续利用和发展。塞罕坝技术创新的特点是"适用"，典型的例子如引进生长在内蒙古红花尔基的抗旱耐寒树种樟子松，使其成为塞罕坝最主要的树种之一；改进推广了机犁沟、水平沟和小反坡等整地技术；根据林场需求改进的种植机械……每一项技术似乎并不神奇，合在一起却造就了神奇。

将塞罕坝的科技创新精神引入生态文明建设的实践，可以有更多的领悟。每一种生产模式都是在既定的技术条件和资源的相对价格条件下确定的，没有科技进步和创新，原有的生产要素的组合方式就不可能改变，当然也不可能有生产模式的根本转变。可以说，科技创新是生态文明建设的翅膀，用新的、环境友好的生产方式替代环境耗竭型的生产方式，没有科技创新的支持是不可想象的。

（三）法律和制度建设是生态文明建设的保障

习近平总书记强调，要深化生态文明体制改革，尽快把生态文明制度的"四梁八柱"建立起来，把生态文明建设纳入制度化、法治化轨道。在生态文明建设中，法律和制度建设是根本保障。如果少数企业的污染和破坏行为不被制止，守法经营的企业就会因成本太高被市场淘汰。如果塞罕坝的盗伐滥伐、非法运输木材、非法采挖绿化苗木等违法行为不能被有效制止，需要长期坚持才能见效的抚林育林工作就不会成为主流。如果不能把二代林培育作为林场持续发展的根本保障，严格执行造林、幼抚、定株、修枝、疏伐、主伐、更新造林等环环相扣的森林培育作业流程，就不能实现对林业资源的持续有效利用；如果没有大力发展森林旅游、绿化苗木和引进风电项目等优势产业，用新的经济增长点代替单一的林木采伐的生产模式，就不能为塞罕坝的可持续发展奠定经济基础。

学习塞罕坝精神，需要我们在生态文明建设中将法律和制度建设提到前所未有的高度。近几年，中央出台了一系列法律和文件，如《中华人民共和国环境保护法（2014年修订）》《生态文明体制改革总体方案》《关于加快推进生态文明建设的意见》《环境保护督察方案（试行）》等，为中国的生态文明建设提供了明确的方向和制度保障。与中央级的法律法规相配合，河北省发布了一系列的地方法规和条例，如《河北省大气污染防治条例》《河北省气候资源保护和开发利用条例》《河北省节约能源条例》《河北省乡村环境保护和治理条例》等，加强生态文明制度建设。特别是2016年发布了《河北省生态文明体制改革实施方案》，提出落实自然资源资产产权制度、国土空间开发保护制度、空间规划体系、资源总量管理和全面节约制度等八项重大制度，到2020年，基本确立系统完整、权责明确、协调联动的生态文明制度体系。这将为河北省的生态文明建设提供有力保障。

塞罕坝机械林场的成功经验，让国人体会到人与自然和谐发展的可能性，但也应意识到这样的和谐共荣并非一蹴而就，意识转变、科技创新、法律和制度保障是践行绿色发展理念的前提和基础，只有全社会积极参与，才能找回我们梦想中的绿水青山。

（马彦丽．生态文明建设的河北范例——塞罕坝践行绿色发展理念的经验和启示［J］．共产党员，2017，08：14.）

### 思考题

1. 什么是生态文明村？
2. 什么是绿色社区？
3. 简介建设生态城市的意义。

# 第九章　生态科技绿色发展

## 第一节　以绿色科技为核心的生态科技观

### 一 绿色科技

#### （一）绿色科技的含义

绿色科技是以保护人体健康和人类赖以生存的环境，促进经济可持续发展为核心内容的所有科技活动的总称。绿色科技涉及能源节约、环境保护以及其他绿色能源等领域。高效、节约、环保的绿色科技产业，是拉动整个世界经济最大的动力引擎。新一轮工业革命将以绿色科技为主导。当前，绿色科技产业正越来越引起世界大多数国家的高度重视，很多国家将绿色科技的发展作为本国重要的发展战略。

绿色科技意味着一种新型的人与自然的关系，强调防止、治理环境污染，维护自然生态平衡。随着环境污染和生态恶化，那种认为人是自然的主人，"人定胜天"的观念已经被人们理性看待。因为人是生物圈的构成要素，人与自然之间存在着结果不对称的互动关系。无论人的作用有多大，人对自然的影响只是改变自然的具体演化方式，而不可能消除自然的存在。但也必须要看到，自然对人的巨大反作用有可能毁灭人类，消除人类的存在。因此，人类必须重视自然、尊重自然、敬畏自然。发展绿色科技具有重大意义。

绿色科技有四个基本特征：第一，绿色科技不是只指某一单项技术，而是一整套技术；第二，绿色技术具有高度的战略性，它与可持续发展战略密不可分；第三，随着时间的推移和科技的进步，绿色技术本身也在不断变化和发展；第四，绿色科技和高新技术关系密切。

#### （二）绿色科技的重要内容

绿色科技包含的基本内容可以从宏观和微观两个方面来概括。

**1. 宏观上包括软件和硬件**

软件包括具体操作方式和运营方法，以及保护环境的一些工作与活动；硬件主要包括污染控制设备、生态监测仪器和清洁生产技术等。

**2. 微观上包括五个方面内容**

第一，绿色产品。绿色产品是指生产过程及其本身节能、节水、低污染、低毒、可再生、可回收的一类产品，它也是绿色科技应用的最终体现。绿色产品的主要特点是以市场调节方式来实现环境保护为目标，它直接促使人们消费观念和生产方式的转变。在当前，公众往往以购买绿色产品为时尚，这就促进企业以生产绿色产品作为获取经济利益的途径。为了鼓励、保护和监督绿色产品的生产和消费，很多国家制定了"绿色标志"制度。绿色标志（也称绿色产品标志），环境标志的图形由中心的青山、绿水、太阳及周围的 10 个环组成。图形的中心表示人类赖以生存的环境，外围的 10 个环紧密结合，环环紧扣，表示公众参与，共同保护环境。整个标志寓意"全民联合起来，共同保护人类赖以生存的环境"。1977 年，德国率先提出"蓝天天使"计划，推出"绿色标志"。我国从 1994 年开始实施"绿色标志"。随着生活质量的提高，人们消费越来越注重绿色健康和安全，据调查显示，有超过 75% 的超市购物顾客在选择产品时会考虑产品是否为绿色、健康的产品。

第二，绿色生产工艺的设计、开发。绿色生产工艺是指在产品加工过程中尽量节约能源、减少污染。绿色生产工艺与清洁生产有着紧密的关系。绿色生产工艺的设计、研发就是要从技术入手，尽量研究和采用物料和能源消耗少、废弃物少、对环境污染小的工艺方案。例如，现在的精确成形、干式切削、准干式切削、生产废物再利用、快速原型制造等，都是绿色工艺的新技术。其具体要求就是重新设计少污染或无污染的生产工艺、优化工艺条件、通过改进操作方法来减少或消除污染物的形成及采用新技术。

第三，绿色材料能源的开发。在 1988 年第一届国际材料会议上，"绿色材料"这一概念被首先提了出来。绿色材料是指在原料采取、产品制造使用和再循环利用以及废物处理等环节中，与生态环境和谐共存并有利于人类健康的材料。绿色材料必须具备净化吸收功能和促进健康两大功能。绿色材料包括循环材料、净化材料和绿色建材等。循环材料是指已经无法进行再利用的产品，通过改变其物质形态，生产成另一种材料，使其加入物质的多次循环利用过程的材料。净化材料是指洁净的能源如太阳能、风能、水能、潮汐能及废热垃圾发电等可开发和利用的新能源材料。绿色建材是指采用清洁生产技术、少用天然资源和能源、大量使用工业或城市固态废物生产的，无毒害、无污染、无放射性、有利于环境保护和人体健康的建筑材料。绿色建材的标准是既要满足强度要求，又能最大限度地利用废弃物，并具有节能、净化功能及有利人类身心健康。总的来说，绿色材料能源越来受到商家的重视，开发新型环保绿色材料能源越来越重要。

第四，消费方式的改进。具体而言，就是要在全社会大力倡导健康消费、适度消费、绿色消费、可持续消费和高尚消费。健康消费包括健康的消费心态和健康的消费行为，就是要做到理性消费，不要有通过消费追求某种所谓"社会意义"的心理；适度消费提倡一种崇俭戒奢的生活，它反对过度消费和奢侈性消费；绿色消费倡导消费者在消费决策时选择未被污染或有助于公众健康的绿色产品，在消费过程中注重对垃圾的处置而不造成环境污染，培养消费者新的消费观念而注重节约资源、保护生态；可持续消费是可持续发展的一个方面，是指提供服务以及相关产品以满足人类的需求，提高生活质量，同时尽量减少对环境不利的材料的使用，从而不危及后代需求的消费模式；高尚消费是指人既追求物质的满足而又期盼心理的愉悦和精神的享受，能够实现美好心境与精神充实的追求。

第五，规制理论研究。主要是指绿色政策、法律法规的研究以及环境保护理论、技术和管理的研究等。

## （三）中国发展绿色科技面临的挑战

当前，中国发展绿色科技面临的三大挑战。

### 1. 观念转变的挑战

当前，中国发展绿色科技面临着观念转变的挑战，中国地理环境复杂、人口众多等客观因素的存在，决定了人们的环境价值的重要性。同时，传统习俗、生活习惯、认识水平等主观性因素，极大影响着人们观念和认识的转变，人们对环境问题的认识亟待提高。例如，2009 年，中国科技交流中心与英国大使馆文化教育处联合对中国城市青年就气候变化问题进行了一次调查，调查结果显示：中国城市青年对气候变化的性质及潜在范围有着清醒的认识。其中，有 75% 的被调查者认为，中国已经受到气候变化所带来的影响，然而只有 25% 的被调查者知道他们应该如何应对气候变化。这意味着观念转变仍需要彻底落实到行动当中。

### 2. 规制保障需要完善

没有规矩不成方圆，环保事业的推进需要环保法规的跟进，只有通过相互匹配的政策和法律，使污染治理、节约能源、提高能效等内容制度化，才能保证环保事业的整体推进，才能为绿色科技发展提供有效支撑。当前，我国绿色科技法规支撑尚需完善。

### 3. 需要金融业大力支持

发展科技必须有资金做后盾。发展绿色科技需要金融业的支持，没有资本就难以推广技术，技术也难以创新。当今世界主要发达国家都非常注重绿色科技的投入，例如，美国，《2009 年美国复苏与再投资法案》（又称《经济刺激法案》），史无前例地投入 433.5 亿美元用于开发清洁高效能源，强调新能源产业在促进国家能源独立的同时蕴含着巨大的就业机会和经济结构调整潜力。时任美国总统奥巴马甚至公开宣称，"驾驭清洁和可再生能源的国家将领导 21 世纪"。在大力提高资金支持力度的同时，还要对绿色科技做一个全面的风险评估、成本回报深入分析。

# 二、生态科技观

## （一）生态科技观的含义

生态科技观是对近现代科学技术反思之后的科技理念生态化转向。生态科技观以协调人与自然之间的关系为最高准则，以不断解决人类发展与自然界和谐演化之间的矛盾为宗旨，以生态保护和生态建设为目标，努力实现人与自然和社会的协同进步。生态科技观作为一个理论体系，主要体现为以下方面：第一，科技是协调人与自然和谐发展的直接手段和重要工具。科学研究和技术应用要能够促使整个生态系统保持良性循环，能为优化生态系统提供智力支撑。第二，科技作为人类实践于客观世界的物质性活动，最基本的要求就是要服从自然本身的属性，接受自然科学所解释的规律的限制。同时，更要认识到科技自身的不完备性和复杂性，积极预防科技应用可能引发的负面效应。第三，树立综合的科技评价体系，避免用单一的经济指标来评价科技的优劣，而应从生态、人文、美学等各方面建立起合理的科技价值体系，引导科学技术健康、持续发展。

### （二）生态科技观以绿色科技为核心

发展绿色科技，是引导生态意识进入生产系统，从而解决发展经济与保护生态环境两难问题的桥梁，也是实现经济社会科学发展的关键。生态科技观以绿色科技为核心，主要体现在以下方面：第一，绿色科技要求科技发展要趋向和关注生态化研究，即在科技发展研究中，既要遵循科研内在规律，也要注重生态效果，充分保证科技发展在生态环境当中的作用。这应当成为科研人员进行科研活动的一个基本理念。第二，绿色科技是有益于保护和合理应用生态资源的科学技术。绿色科技其实质就是保护人体健康和人类赖以生存的环境，能够促进经济可持续发展。当前，绿色科技主要是通过生态技术手段研究来改善、恢复与重建生态平衡；绿色科技的应用过程保证了对生态环境系统的破坏性最小化；绿色科技的应用可以对其他非绿色科技的使用产生积极影响，迫使其积极转变研发方式。第三，生物科技是绿色科技的主要内容。生物技术是应用生命科学研究成果，以人们意志设计，对生物或生物的成分进行改造和利用的技术。现代生物技术综合分子生物学、生物化学、遗传学、细胞生物学、胚胎学、免疫学、化学、物理学、信息学、计算机等多学科技术，可用于研究生命活动的规律和提供产品为社会服务等。生物科技作为绿色科技的主体，已成为21世纪科技的重点学科并得到了世界各国的关注。发展绿色科技，建立绿色产业体系，既是时代发展的需要，也是科技经济社会规律作用使然。

## 三／生态科技观的评价

### （一）生态科技观的重要意义

生态科技观是一种全新的技术观念，对社会经济的发展具有重要的现实意义。第一，有利于人与自然的和谐。自工业革命后，经济的发展一直体现着以工业化为主导，以利润为驱动力，以高投入、高耗费、高污染为基本特征，这种靠牺牲资源和环境为代价而换取经济高速增长的工业化发展模式，越来越不适应社会经济的发展。尤其是近年来出现的资源枯竭、环境污染、生态失调等问题，使得这种发展模式的弊病越来越突出。生态科技观的出现使得人们能够正确认识保护自然的重要性。它将在观念上约束人们的思想、在行动上规范人们的行为，这有助于保护生态环境，实现社会、人与自然的和谐相处。第二，有利于促进科技朝着生态化的方向发展。生态科技观的基本价值体现在以下两方面：①要求人们在生产生活中运用的技术是促进人类长远生存与发展，是有利于人与自然共存共荣的技术，从而最大限度地减少技术对生态环境的消极影响；②在生态科技观的指导下，除应尽量运用已有的节能技术、清洁生产技术外，还要大力发展资源可持续利用技术和环境友好的能源利用技术、环境污染监测与控制技术，建立相应的技术选择评价体系和监测跟踪制度，使经济发展对生态环境的开发、利用保持在一定的限度以内，始终保证大气、水、土壤等自然资源的数量与质量，在不破坏生态环境的前提下开发、研制新的能源，使技术运用真正朝着生态化的方向发展。

## （二）辩证看待传统技术观

科技具有正与负的双面力量。在工业社会中形成的传统技术观，主导了工业社会的发展，推动了工业文明的形成。传统技术观创造的繁荣与进步，使大批国家先后走上了工业化道路。由于近代科学技术的迅猛发展和社会生产力的迅速提高，工业文明的规模化生产使得社会产品极大丰富，人们的生存、生活条件得以极大改善。在此基础上，人类的城市化进程加快，大量人口开始由农村转移到城市，城镇化水平大幅提高。但工业文明在为人类创造财富的同时，巨大的资源消耗也使得科技对地球生态系统造成了巨大破坏，影响着人类的可持续发展。传统技术观的两面性突出表现出来，其巨大缺陷反映在三个方面：第一，在价值观上视人类利益优于自然环境利益。在巨大物质文明面前，人们备受鼓舞，对自然的态度发生了深刻的转变，从原始、农业社会的敬畏、崇拜自然转变成为工业社会的利用、控制、支配甚至是征服自然。以"自然的主人"自居的人们，借助于科技力量更大范围、更深程度地影响、改变着世界的面貌。人们认为"资源和能源可以无限地廉价供给，生产以大量消耗资源和能源为代价"，这实际上忽视了自然资源的有限性，自然的承载能力是有限的，人类对自然无止境地开发、无限度地改变，势必会造成自然资源的枯竭、生态环境的破坏和污染问题的严峻。第二，在思维方法上缺乏整体观和系统观。"竭泽而渔，焚林而猎"，传统技术观追求的是工业生产的高效率、大批量，而不顾自然资源的有限性、环境的承载力，由此造成了遍及全球性的自然资源枯竭、能源短缺和环境污染等问题。第三，科技运用的片面性认识。这种片面性直接导致了"技术万能论"，将生产、生活中遇到的一切问题的解决都求助于技术，片面夸大技术的正效应，认为人类社会的一切问题都可以由技术来解决，只要使用先进技术就没有什么克服不了的。值得注意的是，这虽提高了社会劳动生产率，但也增强了人类利用自然资源、破坏自然环境和打破生态平衡的能力。

## （三）积极发挥生态科技观的作用

要克服传统科技观的不足，使人与自然的关系不再进一步恶化，科学技术的发展模式就必须向生态化转向，树立生态科技观。积极发挥生态科技观的作用，必须要认清三点：第一，自然界是客观存在而有限的。科学技术要承认自然界的价值，不能也不应该以"征服自然"为目标。要清醒认识自然界的客观规律和自然资源的有限性，认识到科学技术的发展就是要促进人与自然的和谐共处，人类只是自然生态链条的一环，人类要与自然协同进化，并将自己的活动限定在规定的弹性范围内，才能获得长远的发展。第二，科学技术不是万能的。科学技术对自然界物质、能量和信息的改变，解决人类生活条件问题及对自然实施的控制，确实起着至关重要的作用，但是其能力不是无限的。科技无论怎样发展，都解决不了人的思想、信念与道德问题，代替不了自然存在。发展科学技术必然是符合自然规律的内在要求，脱离了自然规律必将是瞎干、蛮干。第三，发展科学技术具有双重意义，既要服务于开发利用地球资源，又要服务于保护地球生态平衡，二者不可偏颇。我们在使用这些新科技的同时，更要考虑它们给人类带来的负面影响，一切都要以"健康、和谐、恒久"为目标，这样才能够实现人类社会的可持续发展。

在我国，党的十八大报告首次把"美丽中国"作为未来生态文明建设的宏伟目标，把生态文明建设摆在总体布局的高度来论述。这意味着，国家将坚持节约资源和保护环境的基本国策，坚持节约优先、保护优先、自然恢复为主的方针，着力推进绿色发展、循环发展、低碳发展，从源头上扭转生态环境恶化趋势，为人民创造良好的生产生活环境。党的十八大以来，以习近平同志为核心的党中央高度重视科技人才队伍建设，站在党和国家事业的全局战略高度，从"尊重人才、关爱人才"，到"育才、引才、聚才、用才"，再到多次强调"不拘一格降人才"，对我国科技人才事业和客户人才工作作出了一系列重要指示，为我国加快建设世界科技强国指明了方向。2019年1月8日，国家科学技术奖励大会举办。习近平总书记为获得2018年度国家最高科学技术奖的两位院士颁发奖章、证书，同他们热情握手表示祝贺。习近平再三强调"科技创新""制度创新""人才创新"的重要性，激发了更多科技工作者的创新创造热情，为新时代绿色科技事业发展指明了方向。

同时，生态文明建设要求科技与经济密切结合，提升经济发展的质量、效益、竞争力，使人们享受到发展带来的更多物质财富。在世界上，越来越多的国家将清洁技术、低碳技术、节能降耗技术等应用于工农业生产全过程，提高污染源头减排与过程控制能力，加快产业结构的优化升级，提升科技进步对解决区域性生态环境问题的支撑能力。

## 第二节　生态文明建设的绿色科技支撑

## 一　基本内涵

### （一）生态文明建设的绿色科技支撑的含义

所谓支撑，就是某物对于另一物的基础性和决定性力量或者作用。科学技术对当代经济和社会发展的支撑作用是显而易见的，其为人类社会创造了巨大的经济和社会效益。科技支撑就是通过恰当的科技运行机制，形成完整的运行体系，使科技真正成为内生变量，支撑推动社会经济的发展。马克思认为科学技术是一种潜在的知识形态的生产力，一旦进入生产过程其就会转化为现实的、直接的生产力。生态文明建设离不开科技支撑体系。生态文明建设的科技支撑就是生态文明建设的科技支撑体系，其核心实质就是绿色科技支撑体系，它是一个从属于社会经济系统，以绿色科技资源投入为内动力，经过相关科技组织运作，形成符合生态文明建设的绿色科技产品的有机系统。可以说，科技支撑推动保证了社会经济的发展与进步。

### （二）主要内容

一般来说，绿色科技运行的支撑体系包括科技运行体制、科技教育、科技法规建设、科技奖励机制及科技战略和政策五个方面。生态文明建设的科技支撑体系的主要内容也基本涵盖这五个方面。

**1. 生态文明建设的科技运行体制**

生态文明建设的科技运行体制包括内在机制和外部连接机制。内在机制包括较高的科技投入水平、合理的科学活动结构和科学活动规范、健全的知识产权立法、高效的科研组织管理等内容。外部连接机制主要是指将循环经济科技进步与整个经济社会发展有机联系起来的连接机制。

**2. 生态文明建设的科技政策**

生态文明建设的科技政策主要是指要顺应时代发展及时制定科技战略和政策。在保障科技系统的正常运行方面，恰当的科技发展战略是极其重要的外部条件。作为社会大系统中的一个子系统，科技系统不可能满足于自发的运行状态，必须自觉地进行规划。

**3. 生态文明建设的科技法规建设**

主要是针对循环经济立法工作的成就与不足之处，加强科技立法和执法力度。

**4. 生态文明建设的科技奖励机制**

人的行为都是在某种动机策动下为了达到某个目标的目的性活动。从心理学上解释，科技奖励制度的运行就可以被看作一种符合和满足人们心理的激励机制。这有利于激发主体主动性和能动性进而产生积极效果。科技奖励机制是否良性，直接关系着科技发展的进程。

**5. 科技教育**

主要是提高科技教育质量，明确科技教育的专门机构，整合有效的教育资源。

## 二 发达国家生态文明建设科技支撑的基本经验

### （一）资金投入充足

发达国家一直重视生态科技支撑体系的发展和完善，科技资金投入是生态文明建设科技支撑的有力保障。加大对生态科技支撑的投入是发达国家的普遍做法，发达国家每年的环保投入要占到其 GNP（国民生产总值）的 1.5% 以上，尤其是进入 21 世纪以来，由于国际金融危机的严重冲击，主要发达国家纷纷加大对科技创新的投入，加快对新兴技术和产业发展的布局，把绿色能源的研发作为经济复苏的重中之重，力争通过发展新技术、培育新产业创造新的经济增长点，克服经济危机带来的不利影响。比如美国，为了应对经济危机的影响，除了将 189 亿美元投入能源输配和替代能源研究、218 亿美元投入节能产业、200 亿美元用于电动汽车的研发和推广外，还将投入 7.77 亿美元支持建立 46 个能源前沿研究中心。在欧盟经济复苏计划中，强调"绿化"的创新和投资，加速向低碳经济转型。日本将新能源研发和利用的预算由 882 亿日元大幅增加到 1156 亿日元。

## （二）完善的法规体系

发达国家普遍建立了相对完善的生态经济科技法规。美国、日本、西欧等发达国家和地区从 20 世纪 60 年代起就加快环保立法，其后几十年不断修订补充，现在颁布实施的环保法规达数百部，涵盖空气、土地、水务、能源、废物及再利用等广泛领域，使得循环经济、环境保护有法可依、有章可循。其执法也十分严格，强大的经济压力、舆论压力、社会压力，使得政府、企业、社会组织、公民个人都不敢再以身试法、越雷池半步，比如，美国出台了多个"按日处罚"的法规，涉及"按日处罚"的环保法律规范比较多，主要包括《清洁水法》《清洁空气法》《有毒物质控制法》《环境责任法》等。《清洁水法》规定，对处于继续状态的环境违法行为，可以按日计算，处以每天不超过 1 万美元的罚款。新加坡甚至不惜采用重罚手段惩治环境违法行为，新加坡《环境污染控制法》用多达八个条款规定了对环保违法行为实施连续处罚的不同情形。例如，该法第 16 条规定，对违法排放污水的，在处以罚款和拘留的同时，在违法行为持续期间，每天处以 1000 新元以下罚款；再次实施环境违法行为的，在处以罚款和拘留的同时，在违法行为持续期间，每天另处 2000 新元以下罚款。又如，该法第 17 条规定，向河流排放有毒有害物质的，在处以罚款和拘留的同时，在违法行为持续期间，每天另处 2000 新元以下罚款。

## （三）环保教育比较到位

科技的发展离不开意识的塑造。发达国家非常重视加强环保教育，增强公民环保意识，从而逐步培养有规模、有实力的科技队伍。比如，法国各阶层在环境问题上达成了宝贵的共识：环保是一项复杂的系统工程，离开了大家的支持和配合，再好的政策和制度都难以得到贯彻落实。在达成共识的基础上，各级环保机构和环保组织十分重视让民众和非政府组织的代表参与管理，大到环保法律、法规等相关制度的制定，小到排污管理费如何收取，都要反复广泛地征取各方意见，集中大家的智慧，以增强环保法律、法规、制度的可行性和有效性。比如，德国是世界上环境质量最好的国家之一。这既归功于德国完备的环境立法，更应归功于德国对环境教育的重视。德国教育界认为，人们热爱环境才会保护环境。德国大约有 370 多个森林幼儿园，孩子们全天候在森林或户外活动，人们称它们是"没有房顶和围墙的幼儿园"。这类幼儿园改变了传统、封闭的教学环境，使孩子们完全投身于自然界，身临其境地感受风霜雨雪，观察春夏秋冬。在阳光和新鲜空气的沐浴下，孩子们无拘无束地亲近自然，感受人与自然的和谐统一。

## （四）科技研发推力很大

发达国家把循环经济科技研发放在了非常重要的位置。发达国家的环保技术正向深度化、尖端化方面发展，产品不断向普及化、标准化、成套化、系列化方向发展。目前，新材料技术、新能源技术、生物工程技术正源源不断地被引进环保产业。例如，法国各级环保机构很重视开展环境科学研究。这种理论与实际相结合、着眼问题开展研究的做法，使法国的环保科研水平和环保设施一直处于欧洲乃至世界的领先地位，巴黎市的污水处理厂、生活垃圾处理场、沼气处理厂，都配有先进的环保设备设施，广泛采用了先进的生物技术、高温蒸汽灭菌技术、再生资源循环利用技术和自动化技术，使各类垃圾真正成为"放错地方的资源"。

## 三 加快推进我国生态文明绿色科技支撑体系建设

### （一）正视我国生态文明绿色科技支撑体系建设的现状

加快推进我国生态文明绿色科技支撑体系建设是一个系统工程，既要实现其内部各因素水平的提升，也要完善相应外部机制建设。与世界发达国家相比，尽管我国的环境科技取得了长足进展，获得了一批重要成果，但是与科技发达国家相比尚有较大差距，特别是同我国全面建设小康社会的环境保护科技发展需求不相适应，主要表现在如下几个方面。

**1. 环境管理决策中部分热点问题的科技支撑能力尚需进一步提高**

从总体上来看，环境科技需要进一步与环境管理决策紧密结合。针对区域大气污染防治、流域水环境保护、农村生态环境保护、重金属污染防治、污染土壤修复、突发环境事件应对等环境保护热点问题的科技支撑能力，尚需进一步提高。环保产业总体创新能力不强，工艺材料、关键技术和设备水平整体比较落后。

**2. 基础性研究需要进一步加强**

我国环境保护领域的基础研究与应用基础研究尚不足以完全解决复杂的、潜在的和新型的环境问题。部分环境问题的成因、机理和机制研究不足，环境污染过程、演变规律、污染物传输和控制途径等研究还有待于进一步加强。环境基准研究基本上是空白，环境监测理论体系亟待进一步完善，应对突发环境事件的基础理论和规律研究明显不足。

**3. 现有环境科技体制机制和人才队伍难以适应科技创新的需要**

目前，我国环境科技创新体制有待进一步完善，环境科技投入效率有待进一步提高。公益性科研机构缺乏稳定的投入机制，环境科研工作的系统性和延续性不够，难以形成长期的、整体的科技支撑能力。环境科技成果转化率低，难以形成成熟的环保产业。环境科技创新基础能力薄弱、人才匮乏。

**4. 环境基础信息获取与共享能力相对薄弱**

目前，我国环境保护野外观测与综合实验条件严重不足，环境监测评价表征技术亟须深入研究，环境基础信息获取与共享能力薄弱，环境监测和科研仪器设备研发能力相对落后，特别是国家环境保护重点实验室和工程技术中心建设，缺乏长期、稳定的资金投入，科研能力和水平需要进一步提高。

**5. 应对国际环境问题的科技支撑能力尚显不足**

目前，我国在应对气候变化、生物多样性保护、持久性有机污染物防治、生物安全管理、汞污染防治、污染物跨境输送等方面的举措，备受世界各国关注。我国相应的环境监测和环境质量控制网络体系尚不健全，相关基础研究和应用研究均落后于西方发达国家，履行国际公约和应对全球环境问题的科技支撑能力需要进一步加强。

## （二）多措并举推进生态文明科技支撑体系建设

**1. 加强科技保障体系的规制化水平**

一方面，继续根据实际出台的相应政策，同时要保持政策的延续性和执行性水平；另一方面，继续加强可持续发展方面的立法工作，研究、制定一些新的法律法规，加快修改完善现有法律法规，形成基本完善的生态科技法律制度。各地区要按照国家法律法规，根据当地实际情况，制定实施一些地方性法规，以促进发展各具特色循环经济发展模式和道路。要大力提高全社会的公共监督和法制化管理水平。加强执法队伍建设，加大执法力度，注意发挥新闻单位、社会中介组织的监督作用，切实保障各级政府和执法部门依法行使管理职能。

**2. 深化绿色科技体制改革以提高决策能力水平**

科技体制改革是更好引领和支持生态文明建设的动力和源泉。深化科技体制改革重点应做好四个方面的工作：第一，围绕主题、主线、新要求，建立健全科技决策机制和宏观协调机制，促进全社会科技资源的高效配置和综合集成，促进科研布局和结构调整。第二，要加快构建以企业为主体、市场为导向、产学研相结合的技术创新体系，使企业真正成为研究开发投入的主体、技术创新活动的主体、创新成果应用的主体，全面提高企业自主创新能力，加快适用科技成果向现实生产力转化。第三，要建立科技的区域创新体系，在区域层次上集聚和整合各类创新要素，鼓励国家优势科研单位紧密合作。第四，要建立协调发展机制，加强科技中介服务，强化市场监管，引导产业健康发展。

**3. 强化环境绿色科技支撑能力建设水平**

拓展研究领域，夯实研究基础，提升研究水平。第一，以服务国家环境保护决策和监督管理为宗旨，以环境保护基础研究和应用基础研究为主要任务，以培育优秀科研团队，提升环境基础科研能力为目的，建设一批国家环境保护重点实验室。第二，按照我国环境保护技术的实际发展需求，以环境污染防治共性技术和关键技术研发为重点，以环境科研成果系统集成、工程化研发和产业化推广为重要任务，服务并支撑国家环境保护科学决策和监督管理。第三，立足于阐明重大环境问题的成因、机理和机制，以长期监测、试验研究为核心任务，先期建设一批环境保护野外观测研究站，逐步形成适应生态环境保护科学研究和综合决策需要的野外生态环境研究网络，为环境科技可持续发展提供能力支撑。

#### 4. 加大资金投入并保障落实

科技投资是战略性投资，是生态文明发展的根本保障。提升环境科技创新能力，加大对战略性新兴环保产业等领域的投入，加快国家环境保护重点实验室、国家环境保护工程技术中心及国家环境保护野外观测研究站的建设，构建国家环境科技理论体系，建立以总量削减和源头控制为核心的环境综合管理技术支撑体系，以及应对生态退化的全防全控科技支撑体系，研发出一批具有核心竞争力的环境污染物控制与生态保护关键技术，形成与国家环境科技需求相适应的环境科技创新能力。

#### 5. 创新人才队伍建设以保障人力资本的支持

第一，要完善相关管理法规，为科技人才的培养与发展创造一个良好的制度环境。第二，要创新人才培养体系，用科学合理的方法评价人才，给科技人才的产生开拓一个积极平台。第三，重视领军人才的引进与培养，要加强全球范围拔尖人才引进工作，大力培养造就具有世界科研前沿水平的高级专家、高层次科技领军人才，注重培养一线创新人才和青年科技人才。第四，深化教育改革，从师资、教育环境等方面加强重点建设，确保人才队伍建设有一个坚实的教育基础。

#### 6. 注重绿色科技创新促进可持续发展

当前，环境科技已成为世界各国促进可持续发展的重要手段，众多环境问题的解决更加依赖于科学技术的发展。与此同时，环境科技的研究对象、内容不断增多，手段和方法不断创新，环境污染防治技术的内涵不断丰富。目前，环境科技研究领域已从单一环境要素向生态系统整体转变，研究手段已从传统技术方法向大力发展交叉学科促进技术创新转变，污染防治技术的研究重点已从末端治理向全防全控转变。要加强学科间的交叉、渗透和综合集成，将其他学科的一些基本思想不断融入环境科学的研究。不断拓宽分子技术、生物技术、信息技术等在环境领域的应用，使环境科研与高技术发展融为一体。要把绿色技术融入各个领域，从环境问题产生的根源采取措施，寻求可持续的生产和消费方式，使环境与发展协调。

#### 7. 加强国际交流，消化吸收国外先进技术和管理经验

只有积极借鉴先进经验，才能加快促进本国人才队伍建设。我国环境科技人才队伍建设要能够积极借鉴发达国家的经验，加强交流与合作，培养专业化的国际科技合作管理队伍，建立对外科技合作与交流平台，加大对科技人才国外培训的支持力度，积极参与或组织国际学术会议及其他形式的科技交流活动。通过技术引进、革新和集成创新，迅速提升我国科技的整体水平。

## 第三节　绿色生态科技的研发、推广与应用

### 一　树立正确绿色科技发展理念，奠定绿色科技正确发展方向的基石

#### （一）正确把握科学技术与生态文明建设的良性互动

我们必须充分发挥我们的主观能动性，面对科学技术这把"双刃剑"，我们要扬其所长，避其所短。一方面，依靠科技进步，推动经济发展，解决资源危机，改善生态环境，促进人的全面发展，推动社会进步，推动生态文明建设的发展；另一方面，按照可持续发展的要求，正确合理地选择科学技术，规范和制衡科学技术的发展。努力实现科学技术对可持续发展的促进作用和可持续发展对科学技术的规范作用的良性互动。

**1. 科技发展是生态文明建设的内在动力**

生态科技通过技术创新与进步，能够给生态文明建设提供智力支持，是生态文明建设的内在动力。只有先进的生态技术，才能解决生态文明建设中遇到的各种复杂问题，才能实现有效治理、和谐治理的目标。比如，目前十分迫切的草原鼠害严重、草场稀疏沙化、草质抗逆减退等问题，不仅导致了北方生态危机，而且已经影响到中原地区甚至影响南方的气候质量。引入杂交技术改进草质，增强抗逆能力，降低鼠害威胁，综合治理沙化，恢复草原生态，对北方地区及中部地区，甚至整个国家都有积极的生态效应。

**2. 生态文明建设的良性发展有利于生态科技的进一步发展**

生态文明建设是一个系统工程，调动着社会生产经济中的多种因素，它也是社会资源有效整合的一个过程。它的进程必将影响生态科技的进一步发展。生态文明建设要求科学技术发展的各要素实现科学整合，进而优化资源，提高科技发展水平。在我国，生态文明建设以科学发展观为引领，科学技术发展创新要想适应生态文明建设的需要，就要在科学发展观的指导下，面向经济发展和环境保护的主战场，积极探索中国生态环境保护、资源开发和高效利用的新道路，解决经济发展和生态环境保护过程中出现的问题。其主攻方向在于加快发展循环经济、绿色产业、低碳技术，走新型工业化道路，推动经济建设又好又快地发展。如果科技不遵循生态文明建设的基本要求，其发展必然造成恶果。

总之，绿色科技与生态文明建设是相互促进、相辅相成、共同发展的，没有科技的明显进步，生态文明建设不可能取得成功；没有生态文明建设的整体推进，科学技术也不可能有良好的发展效果。

#### （二）树立新型的科学技术价值观

就科技自身来讲，科学技术有着两面性：既可以造福人类，也可以给人类带来危害与

冲击。但从人类的长远发展来说，许多社会问题以及全球性问题的解决也必须依赖于科学技术的进一步发展。科学技术对于社会发展的积极作用是不可否定的。当然，社会的发展不能仅仅归因于科学技术，而且科学技术对于社会发展的积极作用要通过社会自身的有效接受才能实现。因此，大力发展科学技术，就要趋利避害，要使科技发展极大促进社会的全面发展。在生态文明的背景下，科学技术的发展和应用应树立综合价值观念。一方面，在理论上可以克服传统经济理论单一的价值观所带来的外部非经济性；另一方面，在实践中可以引导人们以综合效益的眼光来评价科学技术成果，消除只以经济效益一个指标来衡量科学技术成果所带来的片面性。在生态文明的建设过程中，要树立科学的价值观，避免盲目地运用科学技求成果，使自然、社会和人类的总体利益得到兼顾，保证三者的协调发展。科学的价值观就是要倡导人们在追求经济效益的同时注重社会效益和生态效益；利用资源时考虑资源的有限性、环境的承载力；发展社会生产时既考虑今天人类的需要，也照顾明天人类后代的利益。总之，新型的科学技术价值观必须坚持生态系统的整体原则：科技的发展不仅要充分考虑人类的利益，还应该考虑各种生物群落的利益。也就是说，凡是有利于人类的可持续发展和整个生态系统的优化的科技行为才是善的，反之，就是恶的。

### （三）建立科学的科技伦理观念

传统的科技伦理观认为，在人与自然的关系上，就是不顾及自然界的物质循环、物质局限，也不顾及伦理的约束，强调"人是自然的主人"，强调用科学技术征服自然、统治自然，使自然成为人的奴隶。正是这种伦理观，导致了人类在发展和利用科学技术增加自身福祉的同时，没有顾及对自然和生态的保护和恢复，从而造成了当代严重的环境问题，甚至对人类的继续生存产生严重威胁。生态文明的建设，要抛弃传统的人类中心论和科技决定论，需要建立科学的科技伦理观，要求在发展和利用科学技术时着眼于人、自然与社会发展的和谐统一，这是人类理性思考的结果，它体现着人类对自然生态的人文关怀。我国建构社会主义和谐社会，应该在科学发展观的指导下，追求自然、人、社会的和谐发展，从而实现和谐社会。

## 二、积极开展科技研发、应用与推广

### （一）水污染防治领域

水污染防治领域主要包括四个方面：流域综合整治技术研究与示范，支撑水质改善；"从源头到龙头"全过程技术研发与示范，提升饮用水安全保障能力；近岸海域污染防治与生态保护研究；地下水污染防治研究与示范。当前，我国初步构建了水污染治理和管理技术体系，自2007年启动以来，水专项按照"一河一策""一湖一策"的战略部署，在重点流域开展大攻关、大示范，突破1000余项关键技术，完成了229项技术标准规范，申请了1733项专利，初步构建了水污染治理和管理技术体系。必须要注意的是，不能把水专项简单作为一个科研项目，单纯依靠专家的力量来开展，必须充分动员和集成地方政府、技术专家、企业和社会各界的力量共同努力，必须充分发挥环保、住建行业主管部门的优势，必须强化水专项对地方治污需求的科技支撑作用，把治污重点工程与水专项紧密结合，突出地方责权利的统一，只有这样才能实现流域水质改善的目标。

### （二）大气污染防治领域

大气污染防治领域主要包括区域大气复合污染与灰霾综合控制研究、城市空气质量改善综合技术研究与示范、区域大气污染物总量削减技术开发和示范、环境空气质量管理关键技术研究和室内空气质量改善技术研究五个方面。大气污染的主要来源是工业排放和机动车尾气排放，目前人们谈论的大气中的主要污染物是指二氧化硫（$SO_2$）、二氧化氮（$NO_2$）、臭氧（$O_3$）和总悬浮颗粒物（TSP）。大气中的 $SO_2$ 主要来源于各类工业排放气体，在工厂比较集中的地区，$SO_2$ 的浓度往往较高。排放到大气中的 $SO_2$ 在适当的气候条件下（如逆温、微风、日照等），极容易形成硫酸雾和酸雨，从而对人体健康（尤其是损害呼吸系统和皮肤等）和农作物等造成很大的危害。2018 年 1 月，我国中东部地区相继出现四次大范围雾霾天气，影响 30 个省（区、市）。其中，1 月 6—16 日，中东部大部地区出现了入冬以来持续时间最长、影响范围最广、强度最强的雾霾天气。雾霾天气给大气环境、群众健康、交通安全带来了严重影响。专家认为，静稳天气和污染排放是雾霾形成和持续的重要因素。雾霾天气警示我们，大气污染已到了危险的极值，加强污染源排放的研究、加强环境治理，到了刻不容缓的地步。

### （三）生态保护领域

生态保护领域主要包括区域/流域生态保护研究、城市生态保护研究、农村生态保护研究和资源开发区和重大工程区生态保护研究四个方面。我国当前生态保护领域面临的问题很突出，必须要引起足够的重视，比如，农村的环境问题不断激化，乡镇企业的发展使农村经济发生了巨大变化，也带来众多环境问题。乡镇工业与农业环境连接紧密，因此，其排放的污染物直接威胁农田和作物。据有关调查显示，遭受工业"三废"及城市垃圾危害的农田已达 1 亿多亩，乡镇工业"三废"排放量成倍增加。除环境污染外，乡镇企业对资源的破坏和浪费也十分惊人，如不加以控制和引导，后果更为严重。

### （四）固体废物污染防治与化学品管理领域

固体废物污染防治与化学品管理领域包括固体废物源头减量和再生利用技术研究、固体废物无害化及稳定化处理技术研究、危险废物污染控制与管理技术研究、化学品及化学物质环境管理支撑技术研究四个方面。固体废物及有毒化学品的环境管理工作有三部分：第一，对工业固体废物、城市生活垃圾污染环境的监督管理。第二，对有毒化学品及农药污染环境的防治工作。第三，固体废物、有毒化学品进出口审查登记以及有关固体废物及有毒化学品的国际公约的履行。因此，固体废物污染防治与化学品管理领域的科技研发、推广与应用，必须紧密围绕这三项实际工作进行，才能起到实效。

### （五）土壤污染防治领域

土壤污染防治领域包括农村土壤环境管理与土壤污染风险管控技术研究、典型工业污染场地土壤污染风险评估和修复研究、矿区和油田区土壤污染控制与生态修复技术研究、土壤环境保护法律法规和标准制定支撑技术研究四个方面。近年来，由于人口急剧增长，工业迅猛发展，固体废物不断向土壤表面堆放和倾倒，有害废水不断向土壤中渗透，大气中的有害气体及飘尘也随雨水不断降落在土壤中，导致了土壤污染。这既降低了土壤的使用效果，也间接对人类健康造成了危害。一个严峻的事实是，在经过几十年的沉淀后，我国土壤重金属污染正进入集中多发期，必须要加快对土壤污染防治领域的科技研发、推广和应用。

### （六）绿色经济、清洁生产和循环经济领域

绿色经济、清洁生产和循环经济领域包括低碳经济环境评估和绿色经济发展对策研究、工业污染预防和过程控制技术研究、重点行业清洁生产和废物循环利用技术研究三个方面。中国在技术研发方面投入的人力、物力远远低于发达国家，这就导致我国在清洁能源开发方面相对落后。在这样的背景下，我们应该加大低碳技术的投入力度，出台新能源发展规划。同时，学习发达国家的技术，完善清洁能源发展机制，促进中国低碳技术的发展。我们还应该积极进行低碳技术创新，寻求技术突破，解决日益严峻的资源问题。

### （七）环境与健康领域

环境与健康领域包括环境健康调查技术和相关政策研究、环境污染的人体暴露和健康风险评估技术研究和环境与健康综合监测与预警技术研究三个方面。世界卫生组织的一份评价报告显示，我国居民的疾病负担中有21%是由环境污染因素造成的，比美国高8%，环境污染已成为影响我国居民健康的主要因素之一。目前，我国环境与健康问题呈现出四大特点：复合型污染严重，传统的环境污染与新型的环境污染并存；人群暴露时间长，历史累积污染对健康影响短时间内难以消除；城乡差异显著，大气污染是我国城市地区面临的主要环境与健康问题，农村地区则是水污染和土壤污染；由于基础卫生设施不足导致的传统环境与健康问题还没有得到妥善解决的同时，由工业化、城市化进程带来的环境污染与健康风险逐步增强。因此，必须要开展环境健康调查和研究，以解决饮用水不安全和空气、土壤污染等损害群众健康的突出环境问题为重点，防范环境风险，提高环境与健康风险评估能力。

### （八）环境监管技术领域

环境监管技术领域包括环境监测技术研究、环境风险评估与预警技术研究和环境政策

与法规研究三个方面。相比以往，当前我国环境监管能力有所提高，具有我国特色的自动化、信息化的环境监管体系已具雏形，初步形成环境基础能力建设与环保工作相互促进共同提高的良好态势，为建立科学、完整、统一、国际一流的污染减排统计、监测和考核体系奠定了坚实基础，为实现污染减排目标提供了能力保障。

## （九）环境基准与标准领域

环境基准与标准领域包括环境基准理论与技术方法研究和环境保护标准制定技术与方法研究两个方面。其中，环境基准具体是指各个环境要素的基准，如大气环境基准、水环境基准和噪声基准等。环境基准是一种综合性基准，它由与人体健康有关的卫生基准、与各种动植物保护有关的生物基准以及与保护各种物质财富有关的物理基准综合而成。一种污染物在一个环境要素（或介质）中的基准是一系列的浓度（或强度）值，只要不超出这些浓度值（阈值），就有可能使人们对环境的某种要求得到满足，生物才能保持某种程度的存活率、不致病率或正常生长繁衍。

## （十）核与辐射安全领域

核与辐射安全领域包括核安全设备质量保障及核材料安全与放射性物品运输安全技术研究、核应急与反恐技术研究、辐射照射控制技术与辐射源安全管理研究、放射性废物安全与核设施退役安全研究、电磁辐射环境容量及污染防治技术研究、核与辐射安全管理技术和法规标准研究六个方面。确保核与辐射安全，是转变经济发展方式的有力支撑，其意义重大。中国正处在工业化、城镇化快速发展的进程，核能作为目前唯一可大规模发展的替代能源，对于确保我国能源供应安全、优化能源结构、促进节能减排、应对气候变化，都具有十分重要的意义。但任何技术的开发和利用，都不能明显增加公众的风险，核能与核技术的开发利用，也必须以安全为基础和前提。要不断加强监管并妥善处理放射性废物，既为当前和未来的能源供应增添保障，又使生态环境安全免受放射性的危害。1986年的切尔诺贝利核事故、2011年的福岛核事故，分别给苏联和日本带来沉重灾难。我国核与辐射安全水平的高低，关系到我国核能与核技术利用事业的发展空间，关系到国家形象及我国在国际事务中的影响力和公信力。

## （十一）全球环境问题研究领域

全球环境问题研究领域包括应对全球气候变化的环境保护支撑技术研究、生物多样性保护技术研究、生物安全管理技术研究、保护臭氧层研究、全球持久性有机污染物控制研究、全球汞污染控制技术研究及污染物跨国境输送机制研究七个方面。全球环境问题是指超越一个以上主权国家的国界和管辖范围的环境污染和生态破坏问题。随着环境问题的日益严重和全社会对环境保护认识的提高，各个国家越来越重视环境保护。环境问题已演化为国家安全问题的一部分，成为需要政党和政治家出来解决的政治问题。总之，环境问题成了需要国家通过其根本大法、国家计划和综合决策进行处理的国家大事，成了国际政治、外交、贸易活动中的重要组成部分，因而也成为评价政治人物、政党政绩的重要内容，成为社会环境是否安定、政治是否开明的重要标志之一。

## （十二）战略性新兴环保产业培育

战略性新兴环保产业培育包括三个方面：依托重大专项建立产业化平台，关键技术、装备和产品研发，环境服务业支撑技术研究。战略性新兴产业，指建立在重大前沿科技突破基础上，代表未来科技和产业发展新方向，体现当今世界知识经济、循环经济、低碳经济发展的潮流，目前尚处于成长初期、未来发展潜力巨大，对经济社会具有全局带动和重大引领作用的产业。2010年9月8日，国务院常务会议审议并原则上通过《国务院关于加快培育和发展战略性新兴产业的决定》。会议确定了战略性新兴产业发展的重点方向、主要任务和扶持政策：一是从我国国情和科技、产业基础出发，现阶段选择节能环保、新一代信息技术、生物、高端装备制造、新能源、新材料和新能源汽车七个产业，在重点领域集中力量，加快推进。二是强化科技创新，提升产业核心竞争力。加强产业关键核心技术和前沿技术研究，强化企业技术创新能力建设，加强高技能人才队伍建设和知识产权的创造、运用、保护、管理，实施重大产业创新发展工程，建设产业创新支撑体系，推进重大科技成果产业化和产业集聚发展。三是积极培育市场，营造良好市场环境。组织实施重大应用示范工程，支持市场拓展和商业模式创新，建立行业标准和重要产品技术标准体系，完善市场准入制度。四是深化国际合作。多层次、多渠道、多方式推进国际科技合作与交流。五是加大财税金融等政策扶持力度，引导和鼓励社会资金投入。

### 知识链接

## 绿色发展让获得感实实在在
——习近平总书记参加河南代表团审议时的重要讲话引发热烈反响

习近平总书记在参加十三届全国人大二次会议河南代表团审议时指出，要树牢绿色发展理念。

习近平总书记的重要讲话，在驻豫全国人大代表、驻豫全国政协委员和广大干部群众中引发热烈反响。大家纷纷表示，要牢记总书记的殷殷嘱托，让绿色成为"三农"发展的底色。

**打好农村人居环境整治这场硬仗**

"我们要深入贯彻习近平总书记参加河南代表团审议时的重要讲话精神，下决心打好农村人居环境整治这场硬仗"。全国人大代表、驻马店市市长朱是西认为，树牢绿色发展理念是实施乡村振兴战略、推进"三农"工作高质量发展的必然选择。

乡村振兴既要产业振兴，又要生态振兴；既要产业兴旺，又要生态宜居。朱是西说，当前乡村治理中还存在着一些与绿色发展不相适应的情况，坚持"三农"工作的绿色发展必要而迫切。目前，驻马店市98.7%的村庄已经实现了"村收集、乡运输、县处理"的三级垃圾处理体系，农村改厕、坑塘清理等也正在加紧进行。

"我们要通过努力让村庄变得更美更宜居，让群众从绿色发展中看到实实在在的变化。"朱是西说。

坚持以绿色发展理念为引领，是做好农村人居环境整治工作的首要前提和重要保障。"习近平总书记的重要讲话，为我们做好下一步'三农'工作提供了重要遵循。"省委农办农村改革处调研员曹润中说。我省农村人居环境整治开局良好，势头正旺。有力有序扎实推进农村人居环境整治，将会进一步增加农民的幸福感、获得感。

目前，河南省77.5%的行政村生活垃圾得到有效治理，76个县（市、区）通过了农村垃圾治理省级达标验收。今后，河南省将大力开展农村人居环境"千村示范、万村整治"工程，深入学习推广浙江"千万工程"经验，全面推开以农村垃圾污水治理、厕所革命和村容村貌提升为重点的农村人居环境整治工作，确保到2020年实现农村人居环境明显改善，村庄环境基本干净整洁有序，村民环境与健康意识普遍增强。

### 加大农村污染治理力度

"习近平总书记的重要讲话对河南乡村全面振兴寄予了重托，让我们感到无比温暖和振奋。"全国政协委员、河南财经政法大学教授马珺说，"实现农业农村现代化，必须树牢绿色发展理念，加强农业生态环境保护和农村污染防治，推动生产、生活、生态协调发展。"

绿色发展是乡村振兴的必由之路。马珺表示，实现乡村振兴，要坚持环保先行原则，环保执法应加大向农村延伸力度。在环境保护执法中，应逐步覆盖农村，避免工业污染向农村转移。严格执行环境标准，根据农村经济发展实际，制定更为细化、可行的政策法律，保证乡村建设的绿色化水平，实现持续健康发展。

"全面实施农村清洁工程，要着力解决环境污染突出的村庄和乡镇的问题。如统筹规划城乡供水、污水处理等基础设施，以尽可能少的投入实现环保目标，保障农村饮用水安全。"马珺说。

信阳新县茅屋冲家庭农场场长岑新顺说，习近平总书记在讲话中提出的树牢绿色发展理念让他备感亲切。"俺的家庭农场在建成之初，就坚持了这个原则。"岑新顺表示，整个家庭农场内坚持不使用任何农药、化肥、除草剂，采用绿色有机循环农业模式，走可持续发展之路，根据整个土地的承载能力，宜种则种、宜养则养，不给环境增加负担。

"我们要牢记习近平总书记的嘱托，坚持走绿色发展的道路，像爱护眼睛一样呵护咱们脚下的这片土地！"岑新顺说。

### 守护"从农田到餐桌"全过程

在移动互联网高速发展的今天，农业信息化是大势所趋、方向所在。河南作为农业大省，有信心也有责任在推动农业信息化方面走在全国前列。

"习近平总书记指出，完善农产品原产地可追溯制度和质量标识制度，为加快农业信息化、现代化发展指明了方向。"洛阳明拓生态农业科技发展有限公司负责人赵海深有感触地说，在他们的现代农业科技示范园里，果树、蔬菜种植均实现"物联化"，所需水肥实现精准配给灌溉。通过标准化生产，能让更多绿色优质农产品走上消费者的餐桌，依托智慧农业物联网和绿色食品追溯平台让消费者吃得更放心。

"听了习近平总书记的重要讲话，作为一名农业信息化科技工作者，我心潮澎湃、备受鼓舞。"省农科院农业经济与信息研究所所长郑国清说。

郑国清表示，要围绕我省数字乡村建设的实际需求，研发一批农业信息化和数字乡村建设核心技术，加大农业信息技术在农业产业转型升级、三产融合、农产品质量安全追溯等方面的应用与服务，大力开展智慧农业、数字乡村示范应用工作，推广一批智慧农业技术与产品，以信息化助推乡村振兴战略实施。

（曾鸣，陈慧，屈芳，刘亚辉，李凤虎. 绿色发展让获得感实实在在——习近平总书记参加河南代表团审议时的重要讲话引发热烈反响 [N]. 河南日报，2019-03-11.）

### 思考题

1. 什么是绿色科技？
2. 如何多措并举推进生态文明科技支撑体系建设？
3. 结合实际谈谈绿色生态科技的研发、推广与应用的途径。

# 第十章  生态法制绿色发展

## 第一节  生态价值观

### 一  生态价值观的含义

生态价值，是指哲学上"价值一般"的特殊体现，包括人类主体在对生态环境客体满足其需要和发展过程中的经济判断、人类在处理与生态环境主客体关系上的伦理判断，以及自然生态系统作为独立于人类主体而独立存在的系统功能判断。生态价值表现为生态的经济价值、生态的伦理价值和生态的功能价值三种形式。

从心理学角度来讲，生态价值观是指被个体或群体赋予了社会或个人意义的关于生态方面的观念，这样的观念能使人在内心产生高兴之类的积极情感体验，且在实践中愿意付之以行。个体的生态价值观包含个体关于生态方面的认知、情感和行为意向成分。从实践角度来讲，生态价值观就是在对待人类与自然的关系问题上必须采取辩证唯物主义的态度，人类和自然是一个相互作用、相互影响的统一整体，共同构成一个生态系统。

简而言之，生态价值观就是处理生态与人之间关系的价值观，生态价值观是人们对生态环境在人类经济发展和社会进步中所处地位和所起作用的总的看法和根本观点，它是生态文明理念的重要内容，是将生态文明融入经济建设、政治建设、文化建设、社会建设的基础性工程，也是衡量一个民族文化和社会进步的重要标志。在党的十八大报告中，把生态文明建设放在突出地位，仅"生态"一词，在报告中出现了39次。党的十八大明确提出了大力推进生态文明建设、建设生态文明，是关系人民福祉、关乎民族未来的长远大计。面对资源约束趋紧、环境污染严重、生态系统退化的严峻形势，我们必须树立尊重自然、顺应自然、保护自然的生态文明理念，把生态文明建设放在突出地位，融入经济建设、政治建设、文化建设、社会建设各方面和全过程，努力建设美丽中国，实现中华民族永续发展。

### 二  生态价值观是绿色发展观的重要内容

#### （一）强调对自然界义务的环境保护价值观

根据世界各国的普遍认识，环保分为四个层次，第一个层次是把环境当成一个专业问题；第二个层次是把环境当成一个经济问题；第三个层次是把环境当成一个政治社会问题；第四个层次最高，是把环境当成一个文化伦理问题，即环境保护价值观。环境保护价值观是对自然价值的承认，也是人类对自然界应该承担的责任和义务。因为人类的生存脱离不了自然界为我们提供的物质基础，如果面对种种环保问题而不采取保护自然的措施，人类就将无法继续在地球上生存下去。作为生态价值观的环境保护价值观，就是从整个生态系统的目的和自然自身的目的出发，自觉地采取保护环境的措施。

### （二）强调对未来责任的关怀未来价值观

关怀未来的通俗理解就是要关心下一代。关怀未来价值观就是承认赋予子孙后代以权利的合理性，确认当代人和未来人之间存在着道德问题，当代人对后代负有责任和义务。这既是科学发展观的必然要求，也是人类环境自身发展存在所决定的。因为自然资源具有有限性，当代人不能"竭泽而渔，焚林而猎"。关心未来价值观就要求关心当代人及其子孙后代的生存环境和生活条件，平等地考虑当代人和后代人的生存需要和社会需要，这是当代人对未来后代的责任。在自然环境问题上，当代人与未来人存在生态道德关系。当代人需要克服急功近利不顾自然环境而开发利用自然资源的行为，需要从后代人对自然资源需要的角度出发考虑当前对资源和能源的利用和分配。

### （三）强调非人类中心主义的自然价值观

自然价值观从宏观上分为人类中心主义自然价值观和非人类中心自然价值观两种。人类中心主义自然价值观的核心理念是人的利益是唯一的价值标准，人是唯一的价值主体，人是唯一具有内在价值的存在物，它只承认自然对于人类的工具价值，而不承认自然本身具有内在价值。在非人类中心主义自然价值观看来，人类中心主义所持有的"一切以人的利益和价值为中心""人是大自然的主宰""自然是人的工具"等观念是造成当今环境污染和生态危机的深层原因。非人类中心自然价值观认为，动物、植物甚至整个生态系统、自然界和人一样具有内在价值，主张把人与人之间的道德关怀扩展到非人类存在物（动物、植物、整个生命过程和生态系统）；要求以整个生命共同体或整个生态系统的利益为中心看待非人类世界的价值，反对把人的利益和价值作为唯一的评判尺度，追求万物平等和生态共同体的和谐、稳定、美丽。非人类中心主义价值观试图通过批判和超越只有人类才具有的内在价值的传统价值观，对价值概念重新界定并将价值扩展到整个自然界和生态系统，这开阔了我们的思维，丰富了我们的价值思想。它有利于重新认识和评价人与自然的关系。

### （四）强调人与自然关系平等的环境平等观

环境平等观主张人与自然之间的平等关系，将环境平等的范围从人与人之间的关系扩展到人与自然的关系。建立一种新型的人与自然的平等关系，必须做到：不仅承认人的价值，而且承认生物的和一切自然物的价值；不仅要承认人类的权利，而且要承认生物的以至一切自然物的权利。它们的价值和权利不是根据对人类有用无用确定的，而是作为一种自然界的平衡链所固有的。自然生物同人的基本需要是相类似的，都需要水分、氧气和营养，因此，在一系列基本点上，自然生物和人的需要都可加以类比。人类决不应凌驾于大自然之上，剥夺自然生物的需要和生存权利，而应在保持人与自然平等地位的基础上，实现人与自然的和谐相处、互为依存。如果一味想"主宰""统治"自然，势必会人为地破坏人与自然的"平等"关系，瓦解人与自然的和谐环境，人类与生态都将遭受灭顶之灾。

### （五）强调实现人与自然和谐共生的绿色发展观

党的十九大报告把"坚持人与自然和谐共生"作为新时代坚持和发展中国特色社会主义基本方略的重要内容，彰显了中国共产党坚持可持续发展战略，致力于改善人民生存和发展环境，积极打造绿色中国、生态中国的执政理念。

可持续发展是20世纪80年代提出的一个新概念。1987年，世界环境与发展委员会在《我们共同的未来》报告中第一次阐述了可持续发展的概念，可持续发展概念得到了国际社会的广泛共识。联合国"世界环境与发展委员会"对其定义是，"既满足当代人的需要，又不对后代人满足其需要的能力构成危害的发展"，它强调的是发展能力的代际平等。1992年，联合国环境与发展大会通过的《里约宣言》将其进一步阐述为"人类应享有以与自然和谐的方式过健康而富有成果的生活的权利，并公平地满足今世后代在发展和环境方面的需要，求取发展的权利必须实现"。这对可持续发展观作了进一步完善。可持续发展的价值取向，是人与自然、人类社会与生态环境的和谐发展。它追求的是人与自然的和谐共生。

在我国，坚持绿色发展是可持续发展观的一场深刻革命。我国人均资源相对不足，生态环境基础薄弱，选择并实施可持续发展战略，是中华民族彻底摆脱贫困、创建高度文明的明智选择。新时代，我们应坚持和贯彻新发展理念，正确处理好经济发展同生态环境保护的关系，坚定不移走生产发展、生活富裕、生态良好的文明发展道路，加快建设资源节约型、环境友好型社会，推动形成绿色发展方式和生活方式，实现中华民族永续发展。

## 三　重构生态价值观的对策

### （一）加强教育引导，增强生态环保观念

#### 1. 基本任务

通过教育手段增强生态环保观念，重构生态价值观，其基本任务主要有以下内容：第一，创新宣传方式，开展丰富多彩的全民环境宣传活动，包括做强做大环保主题宣传、环保成就宣传和环保典型宣传；有针对性地开展环境政策、法制宣传；加大农村环境宣传教育力度。第二，加强舆论引导，扩大环境新闻传播影响力，包括加强环境新闻发布工作；

关注舆情，引导舆论；规范新闻采访工作；提高新闻传播能力。第三，开展全民环境教育行动，包括把生态环境道德观和价值观教育纳入精神文明建设内容进行部署；加强基础教育、高等教育阶段的环境教育和行业职业教育，推动将环境教育纳入国民素质教育的进程；加强面向社会的培训。第四，引导规范环境保护公众参与，包括建立健全环境保护公众参与机制，定期发布环境状况白皮书，培育引导环保社会组织有序发展，拓宽环境宣传教育国际交流与合作渠道，开展社会表彰和国际环境奖项的推选。第五，发展环境文化产业，打造环境文化精品，包括鼓励环境文化产品创作生产，积极扶持环境文化产业发展，面向社会推出一批优秀环保宣传品。第六，建设环境宣传教育系列工程，包括建设环境宣传教育理论研究工程，建设全民环境教育示范工程，建设环境电视传播工程，建设环境文化工程，建设环境宣教信息化工程。

**2. 保障措施**

环境宣传教育的保障措施主要包括五个方面：第一，推进依法开展环境宣传教育，包括完善环境宣教法律法规，全面推进依法行政。第二，建立有利于环境宣传教育工作的体制机制，包括加强组织领导，健全环境宣传教育机构，加强全国地市级环境宣传教育机构能力建设，加强人才队伍建设，加强部门协作，建立健全部门协调联动机制。第三，建立规范的全民环境意识评估体系，包括建立环境意识评估体系，定期开展全民环境意识调查，发布全民环境意识报告。第四，建立环境宣传教育工作绩效评估体系，包括建立环境宣传教育工作绩效评估指标体系，分层次开展环境宣传教育工作绩效评估，定期对环境宣传教育工作开展情况进行通报。第五，资金保障。各级政府要加大对环境宣传教育工作的资金投入力度，把环境宣传教育经费纳入年度财政预算予以保障。各级环保宣传教育部门要积极扩宽资金投入渠道，努力争取各级财政、发改委基础设施建设项目及各类专项资金的投入；要充分调动社会力量，扩大社会资源进入环保宣教的途径，多渠道增加社会融资。

## （二）统筹兼顾，树立正确的政绩观

所谓政绩，就是指领导干部在任期内履行相关职务取得的工作成绩和贡献，它是干部德才素质的综合反映。政绩是从政之绩，施政之绩。政绩观就是干部对如何履行职责去追求何种政绩的根本认识和态度，对干部如何从政、如何施政具有十分重要的导向作用，树立什么样的政绩观和怎样树立政绩观，是人生观、价值观和世界观在领导干部中的根本体现。

从政府管理层面来讲，生态价值观的建立必须要牢固树立绿色的政绩观。党的十八大报告提出，要把资源消耗、环境损害、生态效益纳入经济社会发展评价体系，建立体现生态文明要求的目标体系、考核办法、奖惩机制。这就为树立绿色政绩观提供了坚实的制度保障。我们只有加快调整经济结构、推动经济发展方式转变，按照以人为本、全面协调可持续的要求，培育壮大生态经济，才能积极推动生态文明建设的进程。

树立正确政绩观，必须坚持一切从实际出发，实事求是。要尊重客观规律，提高领导水平，立足当前、着眼长远，积极进取、量力而行，不搞主观臆断和违背客观规律的"拍脑袋"决策。

### （三）完善机制体制，统筹人与自然的和谐发展

完善机制体制主要是围绕建立完善生态保护补偿机制展开的。生态补偿是生态保护机制建设的主要内容。生态保护具有向社会提供生态服务的功能，生态服务功能是一类特殊的公共产品，按照市场经济的原则，享受产品和服务的个人和社会应该向该产品和服务的提供者付费。不可否认的是，由于缺乏制度保障，生态环境往往成为经济建设的牺牲品，在这种情况下，生态补偿则显得尤为重要。

生态补偿机制是以保护生态环境、促进人与自然和谐为目的，根据生态系统服务价值、生态保护成本、发展机会成本，综合运用行政和市场手段，调整生态环境保护和建设相关各方之间利益关系的环境经济政策。其主要针对区域性生态保护和环境污染防治领域，是一项具有经济激励作用、与"污染者付费"原则并存、基于"受益者付费和破坏者付费"原则的环境经济政策。从经济角度来看，就是实行生态保护外部性的内部化，让生态建设和生态保护者享受到其成果带来的经济利益，并让生态保护成果的受益者支付相应的费用，从而通过制度设计实现生态功能这一特殊"公共产品"生产者与使用、消费者之间的公平性，保障生态功能的投资者得到合理回报，激励"生态服务功能"产品的可持续生产，以促进人与自然的和谐发展。

我国生态补偿机制规制不断完善，出台了很多相关的法律与法规，如《中华人民共和国森林法》《中华人民共和国水土保持法》《中华人民共和国防沙治沙法》《中华人民共和国水污染防治法》《退耕还林条例》等。同时，国家对建立生态补偿机制提出明确要求，并将其作为加强环境保护的重要内容。国家有关部委均部署了开展生态补偿机制探索与试点工作。各省市也结合各自的生态保护要求，积极开展生态补偿机制的探索与实践。

### （四）健全法律法规，加大立法、执法力度

当前，我国在环境立法、执法方面还存在着不少问题，在立法中存在着立法过于原则和粗略以及缺失和断层、可操作性不强的问题；在执法中存在着在作出具体行政行为时遗漏行政相对人、错列行政管理相对人、环境保护行政执法主体错误、执法程序不规范甚至违法、滥用自由裁量权以及适用法律不准确、适用法律错误或者没有法律依据等问题。加强环境保护与立法与执政法的力度，是时代进步和社会发展的要求。只有让环保法制工作真正落到实处，环境污染防治工作才能得到有效开展，环境违法行为才能无处逃遁，"人与自然和谐相处"才能够早日成为现实。

# 第二节　生态文明建设的制度创新

## 一　充分理解生态文明建设的制度创新内涵

### （一）制度创新的含义

**1. 制度创新定义**

制度创新，是指在人们现有的生产和生活环境条件下，通过创设新的、更能有效激励人们行为的制度、规范体系来实现社会的持续发展和变革的创新。所有创新活动都有赖于制度创新的积淀和持续激励，通过制度创新得以固化，并以制度化的方式持续发挥自己的作用，这是制度创新的积极意义。

**2. 制度创新的核心内容**

制度创新的核心内容是社会政治、经济和管理等制度的革新，是支配人们行为和相互关系的规则的变更，是组织与其外部环境相互关系的变更，其直接结果是激发人们的创造性和积极性，促使不断创造新的知识和社会资源的合理配置及社会财富源源不断地涌现，最终推动社会的进步。同时，良好的制度环境本身就是创新的产物，其中主要内容就是创新型的政府建设。创新型政府可以形成创新型的制度、创新型的文化。目前，科技创新存在和面临着体制、机制、政策、法规等诸多问题，很大程度上有赖于中央和地方政府能否以改革的精神拿出创新型的思路，创新型政府建设意味着政府将从经济活动的主角转为公共服务提供者，努力创造优质、高效、廉洁的政务环境，进一步完善自主创新的综合服务体系，充分发挥各方面的积极性，制定和完善促进自主创新的政策，切实执行好已出台的政策，激发各类企业特别是中小企业的创新活力。

### （二）生态文明建设的制度创新含义

生态文明制度，是指在全社会制定或形成的一切有利于支持、推动和保障生态文明建设的，各种引导性、规范性和约束性规定和准则的总和，其表现形式有正式制度（原则、法律、规章、条例等）和非正式制度（伦理、道德、习俗、惯例等）。生态文明建设的制度创新就是指在人们现有的生态环境建设条件下，通过创设新的、更能有效激励人们行为的制度、规范体系，来实现生态环境建设的持续发展和变革的创新。

自党的十七大首次提出生态文明建设开始，生态文明建设被放置到国家发展政策的突出位置。党的十八大在党的十七大基础上，将生态文明建设与经济建设、政治建设、文化建设、社会建设并列，作为"五位一体"建设的重要内容，同时提出了加强生态文明制度建设所包含的内容：①加强生态文明考核评价制度建设。也就是淡化 GDP 考核，把资源消耗、环境损害、生态效益纳入经济社会发展评价体系，建立体现生态文明要求的目标体系、考核办法、奖惩机制。②建立国土空间开发保护制度。③深化资源性产品价格和税费改革，建立资源有偿使用制度和生态补偿制度。④建立资源环境领域的市场化机制。⑤健全生态环境保护责任追究制度和环境损害赔偿制度。党的十九大报告中有关生态文明建设的内容高屋建瓴、内涵丰富，字字充满中国智慧，句句符合中国国情，处处体现中国特色，为中国特色社会主义新时代树立起了生态文明建设的里程碑，为推动形成人与自然和谐发展现代化建设新格局、建设美丽中国提供了根本遵循和行动指南。

生态文明制度创新的方向，就是要针对生态文明建设中存在的主要问题，提出相应的制度安排。制度安排设计则包括规制建设创新、决策体制创新、具体实践创新等内容。

# 二　生态文明制度创新的必要性

## （一）生态文明制度创新面临的问题及挑战

### 1. 环境产权制度不明晰

在我国，由于排污权、碳排放权交易制度刚起步，相应法律制度尚未确立，亟待完善。体现有三：第一，由于规制的相应缺失，交易的合法性成为问题（交易后合法的排污量难以界定）。第二，尚未开征专门的环境税，使得污染环境的代价过低。第三，由于环境产权界定不清、利益主体不明、资金严重不足、补偿标准低且缺乏可持续性等，我国生态补偿机制还很不完善。产权制度不清晰，直接导致环保付出者少收益或没有收益，环保得利者少投入或不投入。这种利益分配不合理的经济格局，就与没有建立现代环境产权制度直接相关。

### 2. 环境与发展综合决策机制不完善

由于一些错误观念的影响，很多地方及部门都存在着重经济轻环保的现象，以牺牲资源环境为代价来发展经济，环保部门不能实施有效的管理与监督，一切都要给经济发展让路，讲环保就是给经济发展设置障碍。造成这种现象的深层次原因，就在于整体综合决策机制不完善，没有把环保工作纳入决策机制。这种做法是一种短视行为，无异于饮鸩止渴。

### 3. 公众参与机制尚未建立

环保事业离不开公众的参与。当前我国公众参与程度不高，参与意识不强，更不用说影响政府环境决策参与了。主要原因有三：第一，公众参与认识不够；第二，没有相应机制保障；第三，缺乏参与平台。其根本原因就在于缺乏必要的制度设计，公众参与仅仅停留在口号上或形式上。

### 4. 实施环节有待规范和改善

主要体现在四个方面：第一，排污收费标准偏低，对超标排污行为的惩罚过低。我国的排污收费标准普遍低于治理成本，对于超标排污的违法行为，按规定只加收一倍缴纳排污费。第二，行政处罚方式单一。环境法规规定的行政处罚方式以罚款为主且数额过低。处罚手段单一影响执法效果，处罚数额过低不足以惩戒违法行为。第三，环境执法不严、监管不力。第四，生态文明建设监督机制不完善。

**5. 政绩考核指标轻视环保**

长期以来，我国官员政绩考核重经济轻环保，这就导致环保问题不能引起官员重视，造成污染也就成为必然。

**6. 行政管理体制不顺**

主要体现在三个方面：资源、环境和生态管理部门职能分工不合理；中央对地方监督乏力，难以落实地方政府环境保护责任制；区域、流域环境管理体制亟待改革。

**7. 生态文明技术支撑体系尚未建立**

目前，我国生态文明技术支撑体系尚未建立，有利于生态文明建设的财税、投融资政策还不完善，创新机制尚未形成。

## （二）生态文明制度创新的重要意义

党的十八大确立了生态文明建设的突出地位，指出保护生态环境必须依靠制度。习近平同志在党的十九大报告中指出，加快生态文明体制改革，建设美丽中国。制度与体制建设是生态文明建设的重要内容，制度进步是生态文明水平提高的一大标志，它为生态文明建设提供规范和监督、约束力量。没有制度建设的制定、执行和完善，就没有生态文明建设实践的发展和完成，加强制度建设与改善生态环境质量是同等重要的任务。

**1. 生态文明制度创新是生态文明建设的整体方向的保证**

生态文明制度建设能够深化对生态文明建设的再认识，有助于保证生态文明建设的整体发展方向。生态文明制度创新需要全面审视生态文明建设的方方面面，要反思建设中存在的各种问题，需要详细研究建设的道路、目标及手段、方法的选择。这是一个再反思、再认识和再提高的过程，它使生态文明建设的目标、任务、措施等方面更加合理和完善。

**2. 生态文明制度创新是生态文明建设有据可依的保证**

生态文明制度创新能够为生态文明建设提供行动的标准，进而保证生态文明建设有据可依。生态文明制度创新就是要制定出符合生态文明要求的目标体系、考核办法、奖惩机制等。生态文明制度的好坏，决定了生态文明建设的成败，好的生态文明制度将能使建设事半功倍，而坏的制度则能使建设半途而废。各种制度的完善以及各制度间的相互配合、整合，是使生态文明建设得以正常运转和发挥预期作用的根本依据。

**3. 生态文明制度创新是促使生态文明建设更好更快发展的保证**

生态文明制度创新能够发挥约束和监督作用，促使生态文明建设更好更快地发展。生态文明建设需要通过制度的有效监督和检查来确保其更好更快地发展。制度的有效监督和检查必须要与时俱进，这就需要不断创新发展，从而确保制度的执行力，维护制度的严肃性和权威性。科学、合理、正确的生态文明制度的贯彻落实和遵守执行，是生态文明建设的根本保证，缺少这样制度的约束，生态文明建设必将呈现混乱无序的状态。

总之，建设生态文明需要有效的制度保障。建设生态文明不能仅仅停留在号召和倡导上，必须落实到实践行动中，这就需要通过不断创新有效的制度，为生态文明建设提供持久的推动力。

# 三　生态文明制度创新的路径

生态文明制度建设，除了坚持实施已有的有效制度外，还需要针对现实中存在的主要问题进行必要的制度创新，包括建立新制度和完善已有制度。

## （一）完善规制，引导树立正确政绩观

通过进一步完善干部考核选拔机制，将环保指标纳入考核选拔体系，引导干部树立正确政绩观。正确政绩观的确立可有力提高干部的环保责任和意识，进而影响其决策，形成工作思路，抓出工作实效。

## （二）加强法制建设

主要是围绕生态文明建设，加强相关法制建设。要特别加强重点领域立法，修改完善现有法律，进一步探索完善生态环境教育与公众参与制度。总的来说，就是要在法制建设中，始终秉承生态环境建设理念，逐步完善相关法规的立法、修订工作，从而从资源环境角度形成对全社会的制度约束和规范，基本上做到凡对生态环境有影响的人类行为，都要有相应的法规制度来调节和管束。

## （三）制定科学合理的生态文明建设评价指标体系

通过创新实现三个方面的完善与改进：第一，要加快建立区域生态价值评价制度，充分调动区域经济发展的主动性和创造性。第二，要规范生态价值评价体系和框架。要将经济、社会、人口、资源和环境等多种因素作为指标考虑因素，综合衡量，科学评价。第三，进一步完善政绩评价体系，逐步将有关生态保护法律法规、生态质量变化、污染排放强度和公众满意度等反映生态建设保护成效的指标纳入对政府、干部考核评价体系，建立科学的考核指标体系。

## （四）推广生态文明建设试点示范

全面推进环境优美乡镇、生态街道、生态村、绿色社区、绿色学校、绿色家庭等生态文明建设的"细胞工程"，自下而上、由点到面，不断扩大建设成果，夯实生态文明建设基础。我国生态文明建设试点示范规模不断扩大，截至2012年，全国已有海南、吉林等15个省（自治区、直辖市）开展了生态省建设，超过1000个县（市、区）开展了生态县（市、区）的建设，并有38个县（市、区）建成了生态县（市、区），1559个乡镇建成国家级生态乡镇。

总之，生态文明制度创新是生态文明建设的必然要求，生态文明制度创新本身是手段，而不是目的。

# 第三节 生态文明建设的法规完善

## 一 生态文明建设法规体系

以环保法体系为核心，我国构建了基本完整的生态文明建设法规体系。环保法律体系是以《中华人民共和国宪法》为基础，以《中华人民共和国环境保护法》为主体的环境法律体系。

宪法是国家的根本大法，是治国安邦的总章程，集中体现了党和人民的统一意志和共同愿望，是国家意志的最高表现形式。2018年3月11日，十三届全国人大一次会议第三次全体会议表决通过的《中华人民共和国宪法修正案》，将生态文明历史性地写入宪法，为生态文明建设提供了强大的精神指引和有力的法治保障。

改革开放伊始，中央就非常重视环境立法工作，成立了《中华人民共和国环境保护法（试行）》起草领导小组和工作小组。1989年12月26日，国家在总结《中华人民共和国环境保护法（试行）》实施的经验和教训的基础上，颁布并实施了《中华人民共和国环境保护法》。《中华人民共和国环境保护法》的颁布，意味着我国环境资源法律体系的构建开始朝着体系化的方向前进。此后，国家制定了《中华人民共和国水土保持法》《中华人民共和国环境噪声污染防治法》《中华人民共和国固体废物污染环境防治法》《中华人民共和国农业法》等环境资源法律，修订了《中华人民共和国水污染防治法》等环境资源法律。

从1997年起，我国先后制定了《中华人民共和国环境影响评价法》《中华人民共和国清洁生产促进法》《中华人民共和国放射性污染防治法》《中华人民共和国防沙治沙法》《中华人民共和国节约能源法》《中华人民共和国可再生能源法》《中华人民共和国风景名胜区条例》等法规，修订了《中华人民共和国固体废物污染环境防治法》《中华人民共和国海洋环境保护法》《中华人民共和国水法》《中华人民共和国森林法》《中华人民共和国草原法》《中华人民共和国野生动物保护法》《中华人民共和国土地管理法》等法规，颁布了《国务院关于加快发展循环经济的若干意见》《国务院办公厅关于开展资源节约活动的通知》《国务院关于落实科学发展观加强环境保护的决定》《节能减排综合性工作方案》《中国应对气候变化国家方案》等政策性文件。这些立法、文件与我国1997年之前制定的与环境有关的立法一起，共同组成了有中国特色的社会环境法律体系。

在环境保护法律方面，综合性环境法律主要是《中华人民共和国环境保护法》《中华人民共和国循环经济促进法》；专门性环境法律主要包括《中华人民共和国环境影响评价法》《中华人民共和国海洋环境保护法》《中华人民共和国清洁生产促进法》等；污染防治方面的单行法律主要包括《中华人民共和国水污染防治法》《中华人民共和国大气污染防治法》《中华人民共和国环境噪声污染防治法》《中华人民共和国固体废物污染环境防治法》《中华人民共和国放射性污染防治法》等；自然资源和生态保护法主要包括《中华人民共和国土地管理法》《中华人民共和国矿产资源法》《中华人民共和国煤炭法》《中华人民共和国水法》《中华人民共和国水土保持法》《中华人民共和国防沙治沙法》《中华人民共和国野生动物保护法》《中华人民共和国森林法》《中华人民共和国草原法》《中华人民共和国农业法》《中华人民共和国节约能源法》《中华人民共和国可再生能源法》等；防震减灾法包括《中华人民共和国防洪法》《中华人民共和国防震减灾法》《中华人民共和国气象法》等；特殊环境保护法主要有《中华人民共和国文物保护法》等。

其他的一些法律也有与环境保护有关的规定。例如，《中华人民共和国民法通则》中有对环境物权、生命健康权、采光权、损害救济权等方面的规定。

此外，与生态保护相关的标准和技术规范的制定也日趋完善，环境标志产品和环境管理体系也有了相应标准。在环保法律体系不断完善的同时，环境执法的力度也大大加强。各级人大、政协高度重视环境执法检查，对各级政府环境执法实施有效监督。党的十九大报告提出的改革生态环境监管体制，解决突出环境问题、加大生态系统保护力度、推进绿色发展等的措施，也集中体现了生态文明建设的内在要求，在理念上与宪法关于生态文明的规定紧密契合，丰富了生态环境法治建设的重要内容。

## 二／生态文明建设的法规建设存在的问题

### （一）专项法律法规尚不健全

按不同标准，环境污染的分类呈现多样化的特点。第一，按人类活动分：工业环境污染、城市环境污染、农业环境污染。第二，按污染性质分：化学污染、物理污染、生物污染。第三，按环境要素（形态）分：大气污染、水污染、噪声污染、固体污染和电磁污染。此外，还有热污染、光化学污染等。

多样性的环境污染决定了环境治理不可能只靠宏观性的法律制约，而必须要有专项法规出台。尤其是当前很多污染都是以前法规约束的"盲区"，比如废电池、白色污染、机动车尾气污染、石油污染、生活垃圾污染等。虽然全社会已经日益认识到这些污染的严重危害，但从管理的角度来讲，尚缺乏控制这些污染的专项法规和办法。这就导致了相关部门管理起来缺乏法律依据，没有行政处罚手段，造成了管理能力弱化的结果，不利于污染的整治。虽然目前中国已有50余部关于环境污染和保护的法律，但这远远不能适应新的环境污染与防治问题接踵而出的现状。

### （二）有关法律法规略显滞后

从法理学角度来看，法律一旦制定，本身即具有僵硬性和必然的漏洞，同时由于社会是不断发展进步的，以及新事物不断出现的客观必然，法律滞后性就不可避免地产生。环保有关法律法规亦是如此。造成有关环保法律法规的滞后性除了法理外，也有自己的内因：一是国家权力观念。环境问题只有发展到影响社会安定和发展时才会成为现代国家行政管理的对象。二是环境问题的严重程度和环境意识。一般来说，环境意识落后于环境问题的发展程度，而环境意识在行政管理领域又直接制约着管理制度，这必然带来滞后性。三是反馈机制自身的限制。系统的复杂性、反馈环节的多元化及立法程序上的时间限制，都会引起这种滞后性。从解决方法上来看，滞后性只能事后进行完善，不可能从根本上避免。

## （三）相关法律规定缺乏可操作性

从法律框架体系来看，环保的法律法规覆盖范围比较广泛。但从微观来看，现行环境立法存在着重污染防治轻资源保护，规定模糊缺乏可操作性、行政色彩浓厚、市场机制不足，缺乏公众参与等诸多缺陷，同时也没有与之配套的实施细则，对于一些实际工作中属于污染的问题没有明确的规定。

## （四）有关政策法规落实不到位

我国环保法制建设已经取得了很大的成就。但就法规落实和执行情况来看，仍不尽如人意。一方面，由于一些地方政府或部门具有相对独立利益和资源配置权，在保护生态环境方面动力不足，环境责任落实不到位；另一方面，法规自身设计缺陷和执法能力有待提高，这也导致了政策法规落实难度加大。这种政策法规落实不到位的问题，直接影响着环境污染治理的效果。

# 三 完善生态文明法规建设的路径

## （一）加强立法建设

立法是加强法制建设的基础。没有完善的立法，生态文明建设就缺乏充分的法律依据和保障，生态文明的法治化也就无从实现。在现有环保法制体系下，加强立法建设需要做到以下几个方面：

### 1. 坚持基本立法原则

环境立法要坚持以下原则：①预防为主。从立法层面对开发和利用环境所产生的环境质量下降或者环境破坏等问题采取事前预测、分析和防范措施，以避免、消除由此可能带来的环境损害。②保护优先。从立法层面把生态保护放在优先位置，在生态利益和其他利益发生冲突时应当优先考虑生态利益，满足生态安全的需要，作出有利于生态保护的管理决定。③综合治理。从立法层面对生态保护涉及的责任制度、环境保护、资源节约、容貌秩序、环境卫生、规划与建设、执法监督、污染治理等各方面进行整合，作出具体规定。

④公众参与。从立法层面保证公众对环境使用、相邻和救济的权利，让公众参与到环境法律、政策的制定以及环境决策的形成和监督。⑤损害担责。从立法层面确定损害生态环境者应承担的恢复环境、修复生态或支付相应费用的法定义务或法律责任。

### 2. 及时弥补法律空白

尽管目前我国环保法规体系日益完善，但与先进国家相比，差距依然很大。因此，有关部门应当加强立法研究，要针对不同领域进行环保法规需求调研，及时出台一些"盲点"亟须的法规政策。同时，也要能够针对司法实践中出现的问题及时补充相关规定。

### 3. 完善法律落实的制度设计

要在开展深入调查研究的基础上，对现有法规或制度及时予以补充和完善，以使其适应形势发展和更好地发挥作用。例如，就总量控制制度而言，可再深入研究国际相关制度，在借鉴其有用经验的基础上，在国内选定一个地区做案例研究，研究该地区总的环境容量、该地区环境稳定性及其潜在变化情况（即该地区环境要素的变化和各要素对环境影响的权重的变化）等，完成该地区总量负荷优化分配方案。通过类似案例研究，找出现有法规或制度等的不足，及早予以修改和完善，以便很好地加以实施。

### 4. 加强环境法规、制度等制定过程的规范化

有关环境方面的法律、法规及相关政策等，在制定过程中要多征求各利益相关者的意见，特别是管理人员的意见和地方环保部门的意见，以使其能够更加有效地加以执行。

## （二）提高执法能力水平

### 1. 加大环保法制宣传力度

加大环保法制宣传的力度，这是强化环保执法工作至关重要的前提条件。这就要做到既要增强公众的环保意识、环保责任和环保法制观念，又要增强领导干部及执法人员的环保意识和环保法制观念。只有环保法律意识和环保责任扎根于民众内心，领导干部真正树立起法律至上理念，才能促使执法人员自觉维护环保行政执法，养成依法行政的自觉性和积极性，各项环保法律法规和政策才能落到实处。

### 2. 强化环保执法责任制

党中央、国务院一直强调环保工作，要"党政一把手亲自抓、负总责"和"要将辖区环境质量作为考核政府主要领导人的重要内容"。这就要求各级政府部门必须切实转变观念，改变将经济发展与生态环境保护对立起来的错误认识。要将各项环保工作分解到各职能部门和具体责任人，形成党委领导、政府负责、环保部门统一监管、各有关部门分工协作、全社会共同参与的环保工作机制。要把环保作为评价领导干部政绩、评定年度考核等次、实行奖惩和调整使用的重要依据之一。

### 3. 提高环保部门的执法能力

随着我国经济社会的高质量发展，党中央、国务院开始高度关注环境保护工作。《中

华人民共和国环境保护法》实施后，国家对环保部门执法人员的业务能力、工作作风提出了更高要求。因此，环保部门执法能力成为使法律"落地"的首要制约因素。要提高环保部门执法能力，可从三个方面入手：一是增强环保执法法治观念；二是强化环保执法业务培训；三是建立部门联动长效机制。

**4. 加强环保执法的民主性**

加强环保执法的民主性就是保证环保执法的公正性，增强环保执法的透明度。它既是实现环保部门依法行政的必要手段，也是贯彻环境保护"公众参与"原则的重要举措，有利于让环保执法充分体现民心民意。可以加大信息公开力度，建立健全听证程序，制定激励机制，从而增强公众参与环保执法的自觉性和积极性。

**5. 加强监督管理机制建设**

要建立有效的环保部门统一监督管理与分部门监督管理相结合的机制，环保部门与其他部门应建立起各尽其责、齐抓共管环保工作的协作配合关系，通过二者的结合，形成既有合作也有监督的良好工作格局。

**6. 加强环保执法队伍的建设**

各级政府要加大环保投入力度，在资金上向环保工作倾斜，改变环保执法能力弱、装备差、监控手段落后的现状，增强执法队伍的执法能力。

📖 **知识链接**

## 习近平生态文明思想指引环保法治建设

以习近平同志为核心的党中央，把生态文明建设摆在改革发展和现代化建设的全局位置，坚定贯彻新发展理念，不断深化生态文明体制改革，开创了生态文明建设和环境保护新局面。对环保领域的法治建设而言，习近平生态文明思想是正确的方向和坚定的指引。

习近平生态文明思想，其内涵至少包括五点：第一，人与自然和谐共生。习近平总书记指出："人与自然是生命共同体，人类必须尊重自然、顺应自然、保护自然。"保护自然环境就是保护人类，建设生态文明就是造福人类。第二，"绿水青山就是金山银山"。2005年8月15日，时任浙江省委书记的习近平同志在视察浙江余村时提出"绿水青山就是金山银山"的科学论断；2015年3月24日，"绿水青山就是金山银山"被写入《中共中央国务院关于加快推进生态文明建设的意见》的中央文件；2017年10月18日，在党的十九大报告中，习近平总书记再次突出和强调了必须树立和践行"绿水青山就是金山银山"的理念。第三，推动形成绿色发展方式和生活方式。绿色发展和绿色生活，是习近平新时代中国特色社会主义思想在发展观上的深刻革命，重点是推进产业结构、空间结构、能源结构、消费方式的绿色转型。第四，统筹山水林田湖草系统治理。习近平总书记一再强调，山水林田湖草是一个生命共同体；要统筹各要素系统治理，推进生态保护修复，优化生态安全屏障体系，构建生态廊道和生物多样性保护网络。第五，实行最严格的生态环境保护制度。习近平总书记主持审定的《生态文明体制改革总体方案》，以八项制度的法治化为重点，建立产权明晰、多元参与、激励约束并重、系统完整的自然资源资产产权制度。

2015年1月1日最新修订并实施的《中华人民共和国环境保护法》，将生态文明纳入原则性条款，大幅提升了打击非法排污的力度，利用严格的法律制度为生态文明建设提供可靠保障。新法规定在一定区域划定生态保护红线，实行严格保护，违法企业"不能越雷池一步"。在罚款方面增加按日计罚制度，使环境污染的违法成本空前提高。这些新规定的出发点和归宿，就是保障"绿水青山"，就是保障"生态红线"。

在学习和贯彻习近平生态文明思想的过程中，构建最严格的生态环境法治，需从以下几个方面着手：

其一，建立并严格执行环境指标科学评价、环境违法责任终身追究制度。对离任干部实行自然资源离任审计应制度化，并使之成为领导干部必须接受的历史检验。不再以GDP论政绩，对在任的领导也实行环境保护目标责任制，将责任明确到各单位和具体的个人，建立巡视组、考核组定期严格督查完成情况，严肃惩治地方保护主义。2017年全国各级法院审结的环保类行政案件近5000件，从判决文书来看，基层环保部门是主要的被告行政机关。因此，习近平生态文明思想的学习、领会和贯彻，基层环保部门、基层政府部门是关键。

其二，统一各部门环境保护的标准，建立规范系统的法律体系和标准体系。环境中的各要素都是相互关联的，山水林田湖草是互相关联的，分开治理容易顾此失彼。例如，同是湿地，在由几个不同部门管理的情况下，水质与水量分开管理，割裂了环境保护和污染治理的关系。又如，区域或流域的环境治理往往各省各地区难以协同、效率低下。因此，统一的标准体系、区域内协同的法律法规体系，至关重要。

其三，健全机制，增加基层政府环保队伍力量。基层环保部门普遍存在"小马拉大车"的现象，环保工作量与政府实际资源不成正比。对此，可以联合乡镇村委力量、环保志愿者，县级环保部门还可以建立与相近区域部门从事过法治类工作的退休志愿者之间的联动机制，加强对本区域内环境资源的调查工作，及时找到环境问题的症结和源头。同时，积极动员广大人民群众做环保监督员，设立环保类举报行政奖励制度，让环境违法犯罪行为被消灭和湮灭在人民群众依法监督的"汪洋大海"之中。这不仅可以减少基层环保部门人力资源不足的压力，还能使广大公民充分行使监督权利，使全社会形成更好的环境法律意识。

"徒善不足以为政，徒法不能以自行"。环保法治的真正实现，还需要进一步深入宣传习近平生态文明思想在实践中应用的典型案例。习近平总书记对甘肃祁连山环境污染问题、内蒙古阿拉善盟腾格里工业园区环境污染问题所做的批示，引起了巨大的警示效应，引起了各级政府领导对环境问题的高度重视。而浙江人民领风气之先，成为"绿水青山"兼"金山银山"的正面典范，激励全国、创引未来。近年来，习近平生态文明思想也正大力推动着天津人民形成日益绿色和环保的发展观念和生活方式："绿水青山就是金山银山"的宣传手册在各部门发放，车站机场、大楼大厦"建设生态文明""建设美丽天津"的字幕和彩灯流光溢彩，以"绿色发展""绿水青山"为主题的学习报告时常展开；绿水青山的景观随处可见，绿色能源交通工具普及天津，湿地、公园、海滨环境质量及空气质量等明显改善。

（陈灿平，叶红．习近平生态文明思想指引环保法治建设［N］．天津日报，2018-07-24.）

## 思考题

1. 什么是生态价值观？
2. 简介生态文明制度创新的必要性。
3. 结合实际谈谈完善生态文明法规建设的路径。

# 参考资料

[1]杭爱明.启动经济与构建可持续发展消费模式[N].天津商学院学报,2000.

[2]马聪玲.我国生态旅游发展的现状、问题与建议[M].社会科学文献出版社,2002.

[3]顾恩大.公主岭生态工业园区建设规划的研究[D].东北师范大学,2004.

[4]陈长.风景区规划中生态保护中心议题探讨[D].西安建筑科技大学,2006.

[5]韩文峰.环境信息公开法律制度研究[D].暨南大学,2008.

[6]周莹.中外环境影响评价法律制度比较研究[D].中国地质大学,2008.

[7]刘洪.南岳生态旅游资源开发研究[D].湖南农业大学,2008.

[8]杨通进.生态公民:生态文明的主体基础[N].光明日报,2008-11-11.

[9]陈晓春,谭娟,陈文婕.论低碳消费方式[N].光明日报,2009-04-21.

[10]杨刚.基于ISO14000的绿色技术创新研究[D].长安大学,2009.

[11]骆世明.论生态农业模式的基本类型[J].中国生态农业学报,2009(5).

[12]陶开宇.以节约型消费模式扩大两型社会需求[J].湖南商学院学报,2009(8).

[13]胡方燕.节约能源资源 保护生态环境[N].经济日报,2009-11-12.

[14]代方.基于环境生态学理念的工业园区总体规划研究[D].西安建筑科技大学,2010.

[15]沈满洪.生态文明的内涵及其地位[N].浙江日报,2010-05-17.

[16]赵晓.让生态文明渗透贯穿全社会[N].中国环境报,2010-10-27.

[17]乔琦.综合类生态工业园区建设绩效评估[J].环境工程技术学报,2011(1).

[18]陈斐.典型工业园区环境质量监测及其评价研究[D].上海交通大学,2012.

[19]靳敏,赵俊娜,朱燕,等.践行生态文明,建设美好家园——基于生态承载力的生态工业园区规划与建设[G]//曾晓东.第八届环境与发展论坛论文集.中国环境出版社,2012.

[20]刘志全.引导工业园区实施生态化改造[N].中国环境报,2013-02-18.

[21]刘佳.设计价值与当代中国生存活动结构[J].中国美术研究,2013(6).

[22]夏杰长.推进新型城镇化要高度重视发展绿色服务业[J].中国发展观察,2013(8).

[23]魏静.生态农业三大模式浮出水面[J].农村;农业;农民(A版),2014(1).

[24]夏青.生态农业迎来发展新机会[J].农经,2014(3).

[25]余谋昌.环境伦理与生态文明[J].南京林业大学学报:人文社会科学版,2014(3).

[26]李勇强.马克思主义生态历史观与"美丽中国"的理论基石[J].重庆邮电大学学报：社会科学版,2014,26(5).

[27]井旭.发展绿色商业的必要性[J].商业文化,2015(5).

[28]张伟利,翁伯琦,余文权.推进福建高效生态农业发展[N].福建日报,2016-05-23.

[29]杜旭涛.秦岭:巨大的文化宝藏[EB/OL].人民网-陕西频道,2016-06-12.[2019-01-25].http://sn.people.com.cn/n2/2016/0612/c226647-28487539.html.

[30]彦文.生态农业如何助力农业供给侧结构性改革[N].中国经济时报,2016-08-12.

[31]丛斌.提速生态产业发展是化解生态危机的有效路径[J].中国人大,2016(19).

[32]背包客.一座分割中国南北的山脉 秦岭山脉的历史[EB/OL].2017-07-24.[2018-12-24].www.sohu.com.

[33]刘毅.专家解读"设立国有自然资源资产管理和自然生态监管机构"生态环境监管体制改革将有序推进[N].人民日报,2017-10-24.

[34]中共黄冈市委党校.建设美丽中国意义重大[EB/OL].207-17-11-29.[2019-01-24].www.qstheory.cn.

[35]冯留建,韩丽雯.坚持人与自然和谐共生 建设美丽中国[J].人民论坛,2017(12).

[36]李由甲.绿色农业发展已成为农业产业结构调整的重要途径[J].农业经济,2017(3).

[37]陈吉宁.着力解决突出环境问题[N].人民日报,2018-01-11.

[38]张晓霞,陈霞,姚治.论习近平生态文明建设思想的内容和特点[J].长春理工大学学报(社会科学版),2018(1).

[39]唐宇文.加快构建绿色技术创新体系[N].经济日报,2018-02-08.

[40]宋献中,胡珺.理论创新与实践引领:习近平生态文明思想研究[J].暨南学报(哲学社会科学版),2018(2).

[41]张永刚.坚持人与自然和谐共生的价值要义[J].南方杂志,2018(2).

[42]常纪文.新时代生态文明体制改革的连续性与创新性[J].生态文明新时代,2018(2).

[43]潘家华.新时代生态文明建设的战略认知、发展范式和战略举措[J].东岳论丛,2018(3).

[44]王尔德.组建自然资源部和生态环境部:推动美丽中国建设[N].21世纪经济报道,2018-03-14.[2019-02-14].http://www.p5w.net/news/gncj/201803/t20180314_2092468.htm.

[45]任勇.抓住生态文明体制改革的关键[N].人民日报,2018-04-12.

[46]王才忠.以生态环境监管体制改革破解"九龙治水"[N].湖北日报,2018-04-27.

[47]黎祖交.谈谈"两部一局"的组建对于推进我国生态文明建设的意义[J].中国林业产业,2018(5).

[48]赵建军.深入理解习近平生态文明思想的核心价值——《新时代生态文明建设思想概论》书评[N].中国环境报,2018-06-07.

[49]周宏春.我国生态环境保护的新理念、新任务、新举措[J].中国发展观察,2018(6).

[50]张蕾.还百姓蓝天碧水净土[N].光明日报,2018-07-06.

[51]点绿科技.我国生态环境保护发生历史性、转折性、全局性变化纪实[N/OL].2018-07-09.[2019-02-14].http://www.h2o-china.com/news/277465.html.

[52]俞海.全面加强党对生态环境保护的领导[N].中国环境报,2018-07-19.

[53]牟永福.树立和践行绿水青山就是金山银山的理念[N].河北日报,2018-07-20.

[54]温宗国.推动形成绿色发展方式和生活方式[N].人民日报,2018-07-29.

[55]刘解龙.深刻认识习近平生态文明思想的重大意义[N].湖南日报,2018-08-02.

[56]陈俊东.保护秦岭生态环境我们义不容辞[N].秦风网,2018-08-13.

[57]延军平.加强秦岭生态环境保护是陕西义不容辞的重大责任[N].陕西日报,2018-08-22.

[58]解保军.人与自然和谐共生的哲学阐释[N].光明日报,2018-11-12.

[59]张君.生态环境保护建设意义及策略探析[J].建筑学研究前沿,2018(11):14-21.

[60]杨凌.加快生态文明体制改革 共建美丽中国[N].光明日报,2018-11-19.

[61]李义松,冯晓霞.河道滩涂权属之争及其立法完善[J].江苏警官学院学报,2018(11).

[62]李干杰.以习近平生态文明思想为指导坚决打好污染防治攻坚战[J].行政管理改革,2018(11).

[63]曹瑜.秦岭生态环境保护既是攻坚战也是持久战[N].陕西日报,2018-12-02.

[64]李军学,魏春鸽.持之以恒做好秦岭生态环境保护 在更高层次上实现人与自然的和谐[N].山西日报,2018-12-18.

[65]刘煜杰,张惠远.坚持绿水青山就是金山银山[N].中国环境报,2019-01-08.

[66]胡熠,黎元生.习近平生态文明思想在福建的孕育与实践[N].学习时报,2019-01-09.

[67]甘肃省生态环境厅.《关于全面加强生态环境保护坚决打好污染防治攻坚战的实施意见》有关问题问答[N].甘肃日报,2019-01-16.

[68]张修玉.保护自然生态生命共同体 引领全球生态文明建设[N].中国环境报,2019-01-17.

[69]孙丽霞.谈"美丽中国"建设的内涵和实现途径[J].商业经济,2013(19).